中等职业学校教学用书（计算机技术专业）

PowerPoint 2007 案例教程

段 标 主编

电子工业出版社
Publishing House of Electronics Industry
北京·BEIJING

内 容 简 介

本书内容包括 PowerPoint 2007 的基本操作、文本操作、图形操作、表格与图表操作、SmartArt 图形操作、动画设计及多媒体操作等内容。本书针对职业学校的特点，突出了基础性、操作性，注重对学生操作技能和实践能力的培养，适合中等职业学校计算机应用专业、文秘专业及相近专业使用，也可作为各类培训用户的教学用书，还可作为广大办公人员及业务人员进行实际办公活动的参考用书。

图书在版编目（CIP）数据

PowerPoint 2007 案例教程 / 段标主编. —北京：电子工业出版社，2010.1
中等职业学校教学用书. 计算机技术专业
ISBN 978-7-121-09691-4

Ⅰ. P…　Ⅱ. 段…　Ⅲ. 图形软件，PowerPoint 2007—专业学校—教材　Ⅳ. TP391.41

中国版本图书馆 CIP 数据核字（2009）第 186505 号

策划编辑：关雅莉
责任编辑：徐　萍
印　　刷：北京七彩京通数码快印有限公司
装　　订：北京七彩京通数码快印有限公司
出版发行：电子工业出版社
　　　　　北京市海淀区万寿路 173 信箱　邮编　100036
开　　本：787×1 092　1/16　印张：17.5　字数：448 千字
版　　次：2010 年 1 月第 1 版
印　　次：2024 年 1 月第 18 次印刷
定　　价：32.00 元

前　言

在职业生涯中，我们不可避免地要接触到产品展示、形象宣传、各种方案提案、培训及总结报告等内容，而这些内容的顺利进行通常都要配备演示文稿，因此是否具备制作演示文稿的能力在很多大公司已经成为一项面试标准。PowerPoint 软件是制作演示文稿的专业软件之一，作为 Office 办公软件的重要组件之一，其因简单快捷、容易上手等特点而深受广大从业者的喜爱。

Office 系列软件功能强大、操作便捷并且界面美观实用。一直以来，在 Office 系列软件中都包含一个制作演示文稿的重要组件——PowerPoint。伴随着 Office 系列软件的发展，PowerPoint 自身也在不断壮大，其应用范围越来越广，成为各类演讲活动中制作演示文稿的常用软件。使用 PowerPoint 既可以制作各种演讲稿、宣传稿或各种幻灯片，又可以制作用于计算机屏幕或投影仪上直接放映的电子演示文稿。与因特网相结合，PowerPoint 还可以方便地制作用于网络远程会议和 Web 上展示的演示文稿。作为一款制作专业演示文稿的软件，PowerPoint 的适用范围十分广泛，能够应用于各种展示领域，如演讲、报告、产品演示、电子教案和多媒体教学课件制作等，用于展示成果、阐述思路、发表见解。

本书通过大量的实例详细地介绍 PowerPoint 2007 的基本使用技术与技巧，共分为 10 章，第 1 章到第 7 章中每一章都由两节组成，每一节为一个小的案例组，该案例组围绕相关知识点组织内容，由作品展示、操作方法、技术点睛、基础实例、举一反三和技巧与总结组成。一个案例组可以作为一个教学单元，先在教材的引导下完成一个案例，完成"作品展示"与"操作方法"的教学内容；在完成案例的基础上再对该案例涉及的知识点进行讲解，完成"技术点睛"的教学；知识点学习完成后，再由学生完成"基础实例"的内容；在时间许可的情况下，可以在课堂上完成"举一反三"的教学，如果时间较紧，"举一反三"可以作为学生课后完成的内容；"技巧与总结"是针对学有余力的学生设计的，帮助学生提高操作技能。第 8 章到第 10 章的内容是 3 个实际的工作项目，旨在培养学生综合运用知识的能力。

本书在编写过程中注重借鉴国内外相关书籍的优点，充分考虑中等职业学校学生的现状，突出了实用性，着重于操作技能的培养，在题材的选择上注重对学生职业道德与爱国主义情操的培养。本书既可作为中等职业学校计算机应用专业、文秘专业及相近专业的专业课教材，也可作为各类培训用户的培训教材，还可作为广大办公人员及业务人员进行实际办公活动的参考用书。

本书由段标担任主编并编写第 8、9、10 章，张玲老师编写第 1、2、3、4 章，郦发仲老师编写第 5、6、7 章。本书在编写过程中得到了南京市玄武中等专业学校、丹阳职业教育中心领导的大力支持，在此表示衷心的感谢。

　　限于编者的水平，加之时间仓促，同时一些新的编写思路尚在探索、尝试中，有待于教学实践的检验，故书中难免存在一些错误。恳请广大读者、教师和计算机教学专家批评指正，作者电子邮箱：duanbiao67@163.com。

　　为了方便教师教学，本书还配有教学指南、电子教案和案例素材。请有此需要的教师登录华信教育资源网（www.hxedu.com.cn）免费注册后再进行下载，有问题时请在网站留言板留言或与电子工业出版社联系（E-mail:hxedu@phei.com.cn）。

编　者

2009 年 8 月

第1章 初识 PowerPoint 2007

内容导读

PowerPoint 2007 是 Office 2007 的组件之一，利用它可以制作具有文本、图片和图表甚至动画的幻灯片，主要用于会议或课堂演示。本章将介绍 PowerPoint 2007 的操作界面、演示文稿的基本操作、幻灯片的基本操作，以及制作简单幻灯片的基本方法。

1.1 PowerPoint 2007 的基本操作

PowerPoint 2007 用于设计制作专家报告、教师授课、产品演示、广告宣传的电子版幻灯片，制作的电子文稿可以通过计算机屏幕或投影仪播放。它与 Word 2007、Excel 2007 等应用软件一样，都是微软公司的 Office 2007 系列产品之一。

1.1.1 作品展示

这是一个只有一张幻灯片组成的演示文稿，如图 1-1 所示。该幻灯片中只有文字，展示的是单位有客来访时的欢迎信息。

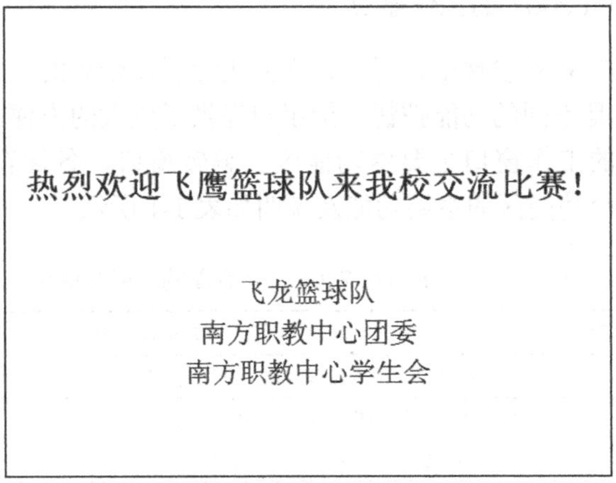

热烈欢迎飞鹰篮球队来我校交流比赛！

飞龙篮球队
南方职教中心团委
南方职教中心学生会

图 1-1　演示文稿示例

此种类型的演示文稿通常只有几页幻灯片，在播放时采用循环播放的方式，主要用于以下的一些场合：

（1）单位有客来访时的欢迎词；

（2）一些公告信息的发布；

（3）领导或专家做报告时，作为背景的领导或专家基本情况介绍；

（4）即时消息的发布。

1.1.2　操作方法

选择"开始"→"所有程序"→"Microsoft Office"→"Microsoft Office PowerPoint 2007"命令启动程序后，即可进入其操作界面，如图 1-2 所示。

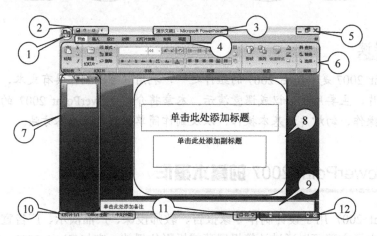

图 1-2　PowerPoint 2007 操作界面

在"单击此处添加标题"和"单击此处添加副标题"两个占位符中输入相应的内容，就可以完成一张简单的幻灯片的制作。

1.1.3　技术点睛

1. 认识 PowerPoint 2007 的工作窗口

微软在 Office 2007 系列软件中，对工作界面进行了比较大的改进，简化了沿用多年的菜单命令，取而代之的是不同的功能按钮，给用户提供了更大的方便。

PowerPoint 2007 的工作窗口主要由功能区、编辑窗口、备注窗口、视图切换区等组成，如图 1-2 所示。各个功能区的主要功能及说明如表 1-1 所示。

表 1-1　PowerPoint 2007 工作界面的功能及说明

编号	名　称	功能及说明
1	Office 按钮	主要以文件为操作对象，进行文件的"新建"、"打开"等操作
2	快速访问工具栏	该工具栏中集成了多个常用的按钮，如"保存"、"打印"按钮等，默认状态下集成了"保存"、"撤销"、"恢复"按钮
3	标题栏	显示幻灯片的标题，并可以查看当前处于活动状态的文件名
4	标签	在标签中集成了幻灯片功能区
5	窗口控制按钮	使窗口最大化、最小化及关闭窗口的控制按钮
6	功能区	功能区中包括多个组，并集成了系统的很多功能按钮
7	大纲/幻灯片浏览窗格	显示幻灯片文本的大纲或幻灯片缩略图
8	幻灯片编辑区	幻灯片编辑窗口，可以对幻灯片进行编辑、修改、添加等操作

续表

编号	名　　称	功能及说明
9	备注窗口	可用来添加与幻灯片内容相关的注释，供演讲者参考
10	状态栏	显示当前文件的信息
11	视图切换区	用于快速切换到不同的视图
12	显示比例	通过拖动中间的缩放滑块来选择工作区的显示比例

2．新建空白演示文稿

新建空白演示文稿的方法有多种，最常用的方法是启动 PowerPoint 2007，系统启动后会自动为用户新建一个名为"演示文稿1"的空白演示文稿，如图1-2所示。

在 PowerPoint 2007 的编辑窗口中常用以下方法新建空白演示文稿：单击"Office 按钮"，打开"Office"下拉菜单，在下拉菜单中选择"新建"命令，打开如图 1-3 所示的"新建演示文稿"对话框。在此对话框中，选择"空白演示文稿"选项，单击"创建"按钮，可以新建空白演示文稿。

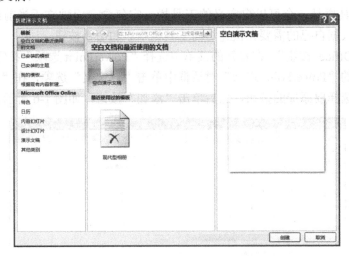

图1-3　"新建演示文稿"对话框

3．演示文稿的保存

新建的演示文稿需要以文件的形式保存在计算机中，以防遗失。保存演示文稿的操作方法有多种，常用的方法是：单击"Office 按钮"，打开"Office"下拉菜单，在此菜单中选择"保存"或"另存为"命令，系统会打开如图 1-4 所示的"另存为"对话框，在此对话框中进行必要的设置后，单击"保存"按钮，可以完成演示文稿的保存。

 小秘密

　　在 PowerPoint 2007 中可以将演示文稿保存为 PowerPoint 放映格式。双击保存后的文件即可开始放映该演示文稿。操作方法如下：单击"Office 按钮"，在系统打开菜单中，选择"另存为"→"PowerPoint 放映"命令，如图 1-5 所示。

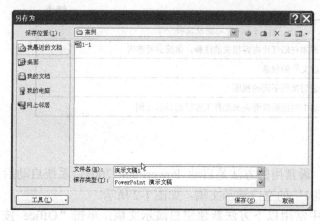

图1-4 "另存为"对话框

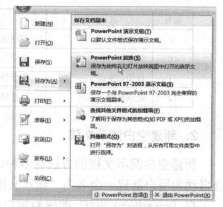

图1-5 保存为 PowerPoint 放映格式

4．快速访问工具栏中的按钮

快速访问工具栏是一个可以自定义的工具栏，它包含一组独立于当前所显示的选项卡命令，用户可以根据自己的需要在快速访问工具栏中添加命令按钮。

（1）单击"Office 按钮"，在打开的菜单中选择"PowerPoint 选项"按钮。

（2）在打开的"PowerPoint 选项"对话框中单击"自定义"选项，在"从下列位置选择命令"列表框中选择要添加的按钮，然后单击"添加"按钮，如图1-6所示。

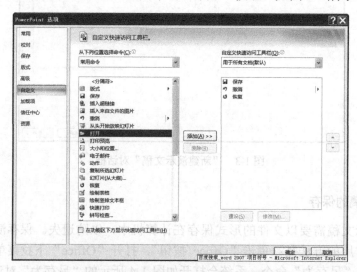

图1-6 "PowerPoint 选项"对话框

（3）单击"添加"按钮后，所选择按钮将添加到右侧的"自定义快速访问工具栏"列表框中，单击"确定"按钮即可。

此外，还可以通过"自定义快速访问工具栏"添加快速访问按钮。

（1）单击快速访问工具栏旁边的下三角按钮，在展开的下拉菜单中单击"新建"命令，如图1-7所示。

（2）此时，"新建"按钮即被添加到快速访问工具栏中，如图1-8所示。

图 1-7 自定义快速工具栏   图 1-8 添加的按钮

 小秘密

如果需要向快速工具栏中添加其他按钮，则单击快速访问工具栏旁边的下三角按钮，在展开的下拉菜单中单击"其他命令"命令，则系统同样会打开"PowerPoint 选项"对话框，用户可以在其中进行自定义快速访问工具栏的设置。

5. 功能区最小化

PowerPoint 2007 的默认功能区是全部打开的，使用起来比较方便，但是编辑窗口就会小一些，可以将功能区最小化，以增大演示文稿编辑窗口的显示比例。

（1）单击快速访问工具栏旁边的下三角按钮，在打开的下拉列表中单击"功能区最小化"选项，此时"功能区最小化"选项前会出现一个"√"，表明此项功能发挥作用。

（2）功能区的状态立即处于最小化，幻灯片编辑窗口的显示比例会显得比较大，如图 1-9 所示。

（3）设置了"功能区最小化"后，如果用户要使用功能区中的命令，可以单击相应的标签，打开该标签下的命令选项卡，如图 1-10 所示，不影响用户的使用。

 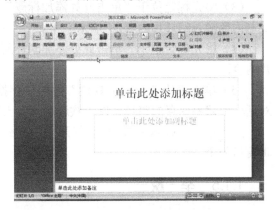

图 1-9 "功能区最小化"后的工作界面   图 1-10 选择相应的标签

1.1.4　基础实例

 情景描述

南方职教中心聘请了大畅现代办公设备有限公司人力资源总监端木家和女士到学校给全体高二年级学生做"现代职场礼仪"的专题讲座，学校制作了欢迎端木女士的幻灯片，如图 1-11 所示。

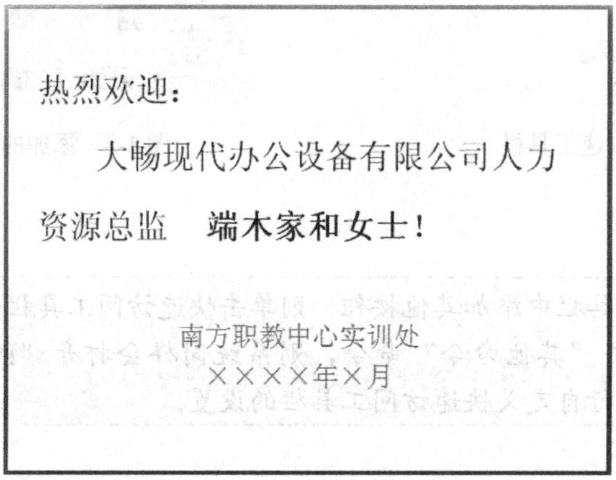

> 热烈欢迎：
>
> 　　大畅现代办公设备有限公司人力
>
> 资源总监　　**端木家和女士**！
>
>
> 　　　　　　　南方职教中心实训处
> 　　　　　　　××××年×月

图 1-11　演示文稿示例

 制作思路

启动 PowerPoint 2007→新建演示文稿→输入文稿内容→保存文稿→退出 PowerPoint 2007。

操作过程

（1）选择"开始"→"所有程序"→"Microsoft Office"→"Microsoft Office PowerPoint 2007"命令，启动 PowerPoint 2007。

（2）此时系统会自动新建"新建文稿 1"文档，如图 1-2 所示。

（3）将光标定位于"单击此处添加标题"占位符中，调整输入法，按图 1-11 所示的格式与内容输入幻灯片内容，"端木家和女士"六个字的文本加粗。

（4）将光标定位于"单击此处添加副标题"占位符中，按图 1-11 所示的内容输入幻灯片内容。

（5）单击"快速访问工具栏"中的保存按钮 ，系统会打开"另存为"对话框。在此对话框中调整保存的路径，以"欢迎端木女士"为文件名保存。

（6）单击"Office 按钮"，打开"Office"下拉菜单，选择"关闭"命令，将幻灯片编辑窗口关闭。

1.1.5　举一反三

1. 根据下述内容制作一张端木家和的个人简介幻灯片，并以"端木简介"为文件名保存。

端木家和女士毕业于中国香港大学，曾担任国内、外多家大型企业高级管理者、人力资源总监等职位。

端木家和女士拥有多年大型外资企业管理及人力资源开发管理经验和专业化培训技术，曾多次赴新加坡、美国学习国外先进管理理念及管理技术，致力于西方先进管理理念的本土化运用。

2. 根据自己的情况，制作一张介绍自己的幻灯片，并以"自我介绍"为文件名保存。

3. 你们班将迎接一批西藏学生，请你制作一个欢迎藏族学生的幻灯片。

1.1.6　技巧与总结

1．演示文稿的打开

演示文稿是以文件的形式保存在存储介质中的，用户在使用该文稿时必须将其打开。常用的打开演示文稿的方法有两种：直接打开演示文稿和在 PowerPoint 工作窗口中打开演示文稿。

（1）直接打开演示文稿

直接打开演示文稿是人们在日常工作中使用最多的一种方式，也是最简单的一种方式。操作方法是找到需要打开的演示文稿存放的位置，选中该文稿的图标，双击鼠标，则在启动 PowerPoint 2007 的同时也打开了演示文稿。

（2）在工作窗口中打开演示文稿

在 PowerPoint 工作窗口中打开演示文稿是人们在使用 PowerPoint 编辑演示文稿过程中打开其他演示文稿的方法。

单击"Office 按钮"，打开"Office"下拉菜单，在下拉菜单中选择"打开"命令，此时系统会打开"打开"对话框，如图 1-12 所示。在此对话框中调整路径，找到需要打开的 PowerPoint 文件，选中该文件后，单击"打开"按钮即可。

图 1-12　"打开"对话框

2．PowerPoint 2007 的帮助

Microsoft Office System 中的联机帮助功能已彻底进行了重新设计，新设计取消了 Office 的助手功能，提供了更强大的在线帮助功能。

单击 PowerPoint 2007 窗口上的 ◎ 按钮或按 F1 键，均可以打开 PowerPoint 2007 的帮助窗口，如图 1-13 所示。帮助窗口打开后，它会自动进行网络连接，如果用户计算机是连接在 Internet 上的，则帮助窗口的右下角会提示用户"已连接到 Office Online"。

图 1-13　PowerPoint 2007 的帮助窗口

在搜索文本框中输入需要帮助的内容，单击"搜索"按钮，即可以在帮助中搜索对关键词的解释，如图 1-14 所示。单击相应的选项，系统会给出该选项的详细解释与说明，如图 1-15 所示。

图 1-14　搜索关键词

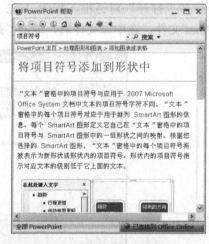

图 1-15　相应项目的解释

单击帮助窗口右下角的"已连接到 Office Online"按钮，在打开的列表中选中"仅显示来自此计算机的内容"选项，这时，PowerPoint 帮助的状态改变为脱机状态，此时的帮助内容均来自本地计算机。

总结

万事开头难，PowerPoint 2007 虽然继承了微软产品的简捷、易用的特性，但由于其操作界面与以往相比有了一些明显的改变，因此用过 Office 前期版本的用户可能一时不太适应。本节通过一个简单的例子介绍 PowerPoint 2007 的基本操作技术，主要涉及文稿的建立、打开、保存与关闭，工作窗口的调整及幻灯片制作的基本流程等内容，介绍的操作方法是日常工作中最常使用的方法，并没有对各种方法进行面面俱到的介绍，其他的一些操作方法请读者自行在实践中摸索。

1.2　用 PowerPoint 2007 快速制作幻灯片

PowerPoint 2007 拥有强大的模板功能，为用户提供了比以往更加丰富多彩的内置模板，用户可以使用其内置的模板简便快捷地制作出赏心悦目的幻灯片。

1.2.1　作品展示

这是一个由 6 张幻灯片组成的演示文稿，如图 1-16 所示。该幻灯片以图片为主，每幅图片辅以一定的文字说明，展示的是一行人到非洲游玩所拍摄的非洲平原及非洲野生动物的风景。

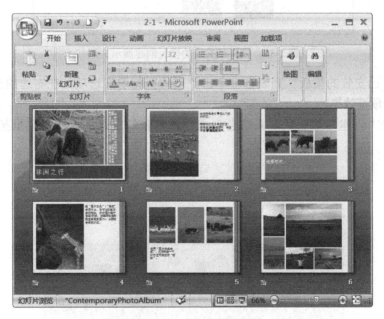

图 1-16　演示文稿示例

此种类型的演示文稿一般由多张幻灯片组成，幻灯片的数量根据所介绍的对象情况可多可少，在播放时采用循环播放的方式，主要用于以下的一些场合：

（1）旅游城市的景点介绍；

（2）企业新产品的宣传发布；

（3）个人成长记录等以图片为主要内容的幻灯片。

1.2.2　操作方法

选择"开始"→"所有程序"→"Microsoft Office"→"Microsoft Office PowerPoint 2007"命令，启动 PowerPoint 2007。

（1）单击"Office 按钮"，在打开的菜单中选择"新建"命令，打开"新建演示文稿"对话框。

（2）在"新建演示文稿"对话框的"模板"列表框中单击"已安装的模板"选项，如图 1-17 所示。

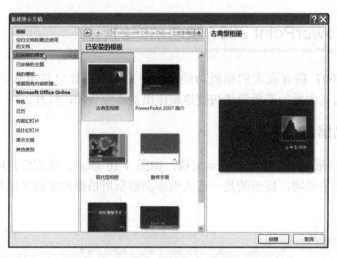

图 1-17   使用已安装的模板创建演示文稿

（3）在"已安装的模板"列表框中单击"现代型相册"选项，在右边的预览框中可以看到该模板的预览效果。

（4）单击"创建"按钮后，系统会生成包含多张幻灯片的演示文稿框架，如图 1-18 所示。

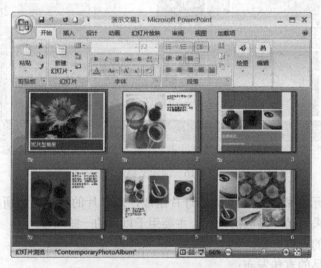

图 1-18   使用模板新建的演示文稿架构

（5）双击第一幅幻灯片，使之处于编辑状态。选中幻灯片中的图片，按下 Delete 键，将图片删除，选中幻灯片中的文本，将其删除并输入需要的文本内容，如图 1-19 所示。

（6）单击幻灯片中的图标，打开如图 1-20 所示的"插入图片"对话框，在此对话框中选择需要的图片后，单击"插入"按钮，完成图片的插入操作。

图 1-19　修改模板建立的幻灯片　　　　　　　图 1-20　"插入图片"对话框

（7）选中第 2 张幻灯片，删除原有的图片文字，重新插入用户的图片并输入与之相配套的文字说明。其他幻灯片的操作与第一张的操作方法相同。

（8）单击"快速访问工具栏"中的"保存"按钮，将演示文稿以"非洲之行"为文件名保存。

1.2.3　技术点睛

1．根据已安装的模板创建演示文稿

已安装的模板是 PowerPoint 2007 自带的一些制作好的幻灯片，可以提供给用户快速制作自己的幻灯片时使用，用户只需要根据自己的情况对其进行修改，就可以完成比较理想的演示文稿。

（1）启动 PowerPoint 2007。

（2）单击"Office 按钮"，在打开的菜单中选择"新建"命令，打开"新建演示文稿"对话框。

（3）在"新建演示文稿"对话框的"模板"列表框中单击"已安装的模板"选项。

（4）在"已安装的模板"列表框中单击合适的选项，在右边的预览框中可以看到该模板的预览效果。

（5）单击"创建"按钮后，系统会生成包含多张幻灯片的演示文稿。图 1-21 所示为选择"小测验短片"模板创建的演示文稿。

图 1-21　利用"小测验短片"模板创建的演示文稿

2．根据自定义模板创建演示文稿

PowerPoint 2007 自带了一部分模板，但这些模板可能并不适合用户的需要，这时用户就要用到别人设计的或自己设计的适合自己使用的模板。

（1）启动 PowerPoint 2007。

（2）单击"Office 按钮"，在打开的菜单中选择"新建"命令，打开"新建演示文稿"对话框。

（3）在"新建演示文稿"对话框的"模板"列表框中单击"我的模板"选项，此时系统会打开如图 1-22 所示的"我的模板"界面。

图 1-22   "我的模板"界面

（4）在"我的模板"列表框中单击合适的选项，在右边的预览框中可以看到该模板的预览效果，单击"确定"按钮就可以使用自己的模板创建幻灯片。

3．幻灯片的插入与删除

在创建的演示文稿中一般只有一张幻灯片或几张幻灯片，用户可以根据需要在演示文稿合适的位置添加幻灯片，也可以将多余的幻灯片从文稿中删除。

在演示文稿中插入幻灯片的方法有多种，最方便简单的方法是：在幻灯片浏览窗口中选中一张幻灯片，按下键盘中的 Enter 键，即可在该幻灯片后添加一张新的幻灯片，如图 1-23 所示。

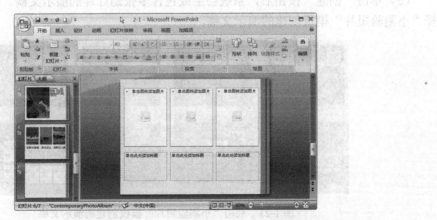

图 1-23   插入新幻灯片

　　如果演示文稿中有不需要的幻灯片，用户可以将其删除，删除的方法也很简单：在幻灯片浏览窗口中选中需要删除的幻灯片，按下键盘上的 Delete 键，即可将所选中的幻灯片从演示文稿中删除。

4．PowerPoint 2007 的视图

　　PowerPoint 2007 的视图方式有多种，可以满足用户制作演示文稿过程中的不同需要。其中常用的视图方式有：普通视图和幻灯片放映视图。

　　（1）普通视图

　　"普通视图"包含"大纲视图"和"幻灯片视图"。其中幻灯片视图是使用率最高的视图方式，所有的幻灯片编辑操作都可以在该视图方式下进行。

　　打开演示文稿"非洲之行"，可见当前的视图方式是普通视图。普通视图将工作窗口分割为两个区域：左侧为"大纲/幻灯片浏览"窗格，右侧为编辑窗口。单击左窗格中的"大纲"标签，可以切换到大纲视图，如图 1-24 所示；单击"幻灯片"标签，可以切换到幻灯片视图，如图 1-25 所示。

图 1-24　大纲视图　　　　　　　　　　　图 1-25　幻灯片视图

　　"大纲视图"方式下，左侧窗格中仅显示幻灯片的文本内容，其他对象都不显示出来；"幻灯片视图"方式下，左侧窗格中显示的是幻灯片缩略图，单击其中的任意一个，在右侧编辑窗口中会显示该幻灯片的内容，并且可进行所有的编辑操作。

　　（2）幻灯片浏览视图

　　在"视图"选项卡中单击"演示文稿视图"组中的"幻灯片浏览"按钮，或者单击"视图按钮"中的"幻灯片浏览"按钮，可以切换到幻灯片浏览视图，如图 1-16 所示。在此视图方式下，演示文稿中的所有幻灯片都以缩略图的方式显示出来，双击某张幻灯片缩略图，即可切换到普通视图显示该幻灯片。

　　（3）幻灯片放映视图

　　幻灯片放映视图是把演示文稿中的幻灯片以全屏幕的方式显示出来，如图 1-26 所示。如果设置了动画特效、画面切换及时间设置等效果，在该视图方式下都可以看到。

　　（4）备注页视图

　　在 PowerPoint 2007 中普通视图的幻灯片窗格下方可以看到备注窗格，它用来给用户添加幻灯片的备注，以供演示文稿的演示者参考，备注内容可以打印出来。但在普通视图幻灯片窗格下方的备注窗格中只能包含文本，如果想在备注中加入图片，则需要进行备注页视图设置。

图 1-26　放映视图

在"视图"选项卡中单击"演示文稿视图"组中的"备注页"按钮，即可切换到幻灯片的备注页视图，如图 1-27 所示。

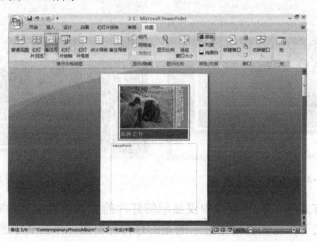

图 1-27　备注页视图

1.2.4　基础实例

 情景描述

2008 年 5 月 12 日下午 14：28 分，我国四川省汶川县发生了里氏 8 级的地震，地震波及了 10 万平方千米的面积，很多房屋倒塌，很多百姓被夺去了宝贵的生命。在地震发生后，全国人民积极行动起来，开展大规模的抗震救灾募捐活动。南方职业教育中心学生会的同学们也积极行动起来，在学生中发起了募捐活动，他们通过网络收集了地震灾区的资料，制作了"爱我中华、奉献爱心"的幻灯片，进行广泛的宣传，得到全体同学的积极响应。幻灯片的效果如图 1-28 所示。

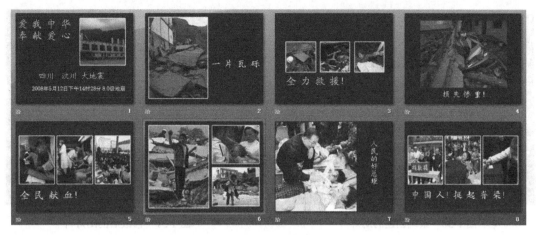

图 1-28　演示文稿示例

 制作思路

启动 PowerPoint 2007→利用模板新建演示文稿→修改演示文稿的内容→根据需要增删幻灯片→保存演示文稿→退出 PowerPoint 2007。

 操作过程

（1）选择"开始"→"所有程序"→"Microsoft Office"→"Microsoft Office PowerPoint 2007"命令，启动 PowerPoint 2007。

（2）单击"Office 按钮"，在打开的菜单中选择"新建"命令，打开"新建演示文稿"对话框。在"新建演示文稿"对话框的"模板"列表框中单击"已安装的模板"选项。

（3）在"已安装的模板"列表框中单击"古典型相册"选项，在右边的预览框中可以看到该模板的预览效果。

（4）单击"创建"按钮后，系统会生成包含 7 张幻灯片的演示文稿框架，如图 1-29 所示。

图 1-29　利用"古典型相册"模板创建的演示文稿

（5）打开第一张幻灯片，如图 1-30 所示，将"古典型相册"改为"四川　汶川　大地震"，在"单击此处添加日期和其他详细信息"占位符中输入"2008 年 5 月 12 日下午 14 时 28 分 8.0 级地震"，对文本的位置及大小进行适当的调整，如图 1-31 所示。

图 1-30　系统创建的幻灯片　　　　　　　　图 1-31　修改后的幻灯片

（6）选中幻灯片中的图片，按下键盘上的 Delete 键将其删除。单击显示出来的图标，打开"插入图片"对话框，在此对话框中选择需要的图片后，单击"插入"按钮，完成图片的插入操作。选中"四川 汶川 大地震"文字所在的占位符，单击鼠标右键，选择快捷菜单中的"复制"命令，再单击幻灯片中的空白处，单击鼠标右键，选择快捷菜单中的"粘贴"命令，将该占位符内容粘贴到幻灯片中，删除其中原有的文字，输入"爱我中华 奉献爱心"，并对文字进行适当的调整，如图 1-32 所示。

（7）选中第 2 张幻灯片，删除原有的图片和文字，重新插入用户的图片并输入与之相配套的文字说明。其他幻灯片的操作与此相同。

（8）在幻灯片浏览窗口中选中第 2 张幻灯片，单击鼠标右键，选择快捷菜单中的"复制"命令，将幻灯片复制到剪贴板中。将光标定位于第 6 张幻灯片之后，单击鼠标右键，选择快捷菜单中的"粘贴"命令，将第 2 张幻灯片复制到第 6 张幻灯片之后，删除其中的图片与文字，用图 1-33 所示的内容与图片替代。

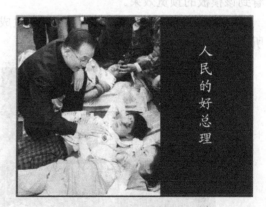

图 1-32　演示文稿的第 1 张幻灯片　　　　　　图 1-33　第 7 张幻灯片

（9）单击"快速访问工具栏"中的"保存"按钮，将演示文稿以"向灾区捐款"为文件名保存。

1.2.5　举一反三

1. 利用课余时间拍摄一些学校里有特色的景点、实训空间等，使用"现代型相册"模板制作一个介绍学校的演示文稿。

2. 将你自己从小到现在拍摄的照片整理归类，使用"古典型相册"模板制作一个介绍你的成长经历的演示文稿。

3. 你所在的城市一定是一个美丽的城市，你一定对这个美丽的城市非常热爱，请你为你的城市制作一个宣传片，向不熟悉的人们介绍它。

4. 你们正在学习什么软件？VB？Dreamweaver？尝试使用"PowerPoint 2007 简介"模板制作一个你所学软件的简介。

1.2.6　技巧与总结

1. Office Online 模板功能

Office Online 为用户提供了丰富多彩的模板，用户可以使用 Office Online 的功能下载设计好的模板，从而快速创建演示文稿。

（1）在"PowerPoint 帮助"窗口的下端，单击"模板"选项，如图 1-34 所示。

（2）单击"模板"选项后，系统会自动链接到 Office Online 网站的主页上，在搜索文本框中输入"PowerPoint 模板"后，单击"搜索"按钮，系统会在网站中搜索 PowerPoint 模板，并以列表的形式显示出来，如图 1-35 所示。

图 1-34　单击"模板"选项

图 1-35　搜索到的模板

（3）选择合适的模板，打开该模板的链接，单击"立即下载"按钮，系统会将用户选择的模板下载到本地计算机 PowerPoint 的编辑窗口中，如图 1-36 所示。

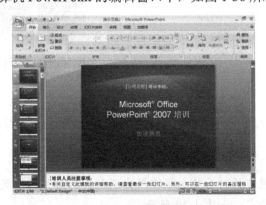

图 1-36　下载的模板

小秘密

用户可以将下载的 PowerPoint 模板保存在本地计算机的自定义模板中。

2．自定义模板

用户有时需要多次制作同种风格类型的演示文稿，这时就可以自行创建设计模板，并将其保存到本地计算机中，以便以后制作同类演示文稿时能轻松调用，避免每次重新开始编辑设置。

（1）打开制作好的、准备作为模板使用的幻灯片。

（2）单击"Office 按钮"，在下拉菜单中选择"另存为"命令，打开"另存为"对话框。

（3）在"另存为"对话框的"文件名"文本框中输入新的名称，在"保存类型"下拉列表中选择"PowerPoint 模板"选项，保存位置采用系统的默认位置，不予调整。

（4）单击"保存"按钮，将打开的演示文稿以模板的形式保存在本地计算机的自定义模板中。

3．插入幻灯片

插入幻灯片的操作方法比较多，前面介绍的是最简单的方法，但它的缺点是插入的幻灯片与选中的幻灯片是一个版式，用户编辑时还需要对其版式进行重新的设计与调整。

（1）在幻灯片浏览窗格中，选中要插入幻灯片位置的前一幅幻灯片，单击如图 1-37 所示"新建幻灯片"按钮中的下三角按钮。

（2）打开如图 1-38 所示的幻灯片版式列表，用户在列表中单击要添加的版式，即可在选中的幻灯片后添加一张选中版式的幻灯片。

图 1-37   "新建幻灯片"按钮

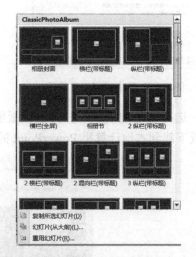

图 1-38   幻灯片版式列表

 小秘密

幻灯片的版式不是固定的，系统会根据用户所打开幻灯片的情况对幻灯片的版式做必要的调整，以满足用户的要求，如图 1-39 所示。

4．PowerPoint 2007 视图操作

PowerPoint 2007 的视图操作包括调整视图的显示比例、调整颜色和灰度、使用大纲/幻灯片浏览视图来操作文本与演示文稿等内容。

（1）调整视图的显示比例

用户可以使用"视图"选项卡"显示比例"组中的命令来调整视图的显示比例。在大多数情况下，利用窗口底部状态栏中的缩放比例控件即可快速改变文档的显示比例。

单击"显示比例"组中的"显示比例"按钮，打开如图 1-40 所示的"显示比例"对话框。在该对话框中设置显示比例，然后单击"确定"按钮，就可以调整幻灯片的显示比例。

图 1-39　幻灯片版式

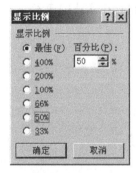

图 1-40　设置显示比例

（2）调整颜色和灰度

在 PowerPoint 2007 中用户可以选择以颜色、灰度或纯黑白 3 种模式查看文稿，系统默认具有颜色的全色模式。如果用户想使用其他模式进行查看，可以单击"视图"选项卡中"颜色/灰度"组中的"灰度"或"纯黑白"按钮，打开如图 1-41 所示的"灰度"选项卡或如图 1-42 所示的"黑白模式"选项卡，从中单击相应的按钮即可改变幻灯片的显示模式。

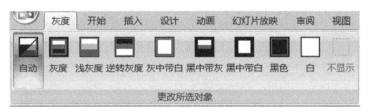

图 1-41　"灰度"选项卡

图 1-42　"黑白模式"选项卡

小秘密

"黑白模式"和"灰度"模式只是幻灯片编辑时的显示模式，当幻灯片放映时，仍然是彩色模式。

总结

　　模板可以理解为样式，它包含了一定的文字内容、提示内容或设计版式，利用它创建演示文稿可以简化幻灯片制作者自己设计的过程，根据模板提供的各种设计版式进行修改，就可以制作出比较满意的演示文稿。本节通过一个简单的非洲旅游的例子介绍利用已安装的模板快速创建演示文稿的操作技术，主要涉及文稿的创建、幻灯片的添加和删除、各种模板的获取及自定义模板的操作等内容。模板涉及的内容比较多，本节介绍的操作方法是日常工作中最常使用的方法，并没有对各种方法进行面面俱到的介绍，有关模板其他的一些操作方法请读者自行在实践中摸索。

第2章 PowerPoint 2007 文本操作

内容导读

　　演示文稿的主要功能是向用户传达一些简单而重要的信息，这些信息都是由最基本的文本构成的，文本幻灯片是幻灯片中应用最为广泛的一类。本章将介绍 PowerPoint 2007 中有关文本与段落设置的操作。

2.1 文本的基本操作

　　演示文稿的内容极其丰富，包括文本、图形、表格、图表、声音及视频等元素，其中文本是最基本的元素。

2.1.1 作品展示

　　这是一个由 7 张幻灯片组成的演示文稿，如图 2-1 所示。该幻灯片主要由文字组成，其内容是一个科技公司在给新员工进行培训时，要求新员工必须了解本公司的基本情况及基本管理制度的信息。

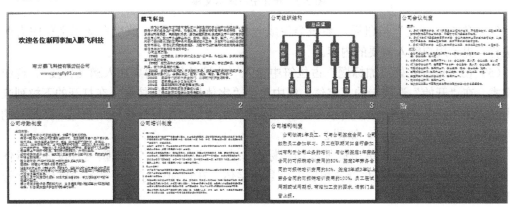

图 2-1　演示文稿示例

　　此种类型的演示文稿幻灯片根据内容可多可少，在播放时通常以人工控制的方式进行，主要用于以下的一些场合：

　　（1）教师讲课用的辅助课件；

　　（2）培训机构的培训讲稿；

　　（3）展示公司或企业文化的演示文稿。

2.1.2　操作方法

选择"开始"→"所有程序"→"Microsoft Office"→"Microsoft Office PowerPoint 2007"命令，启动 PowerPoint 2007。

（1）单击"Office 按钮"，在打开的菜单中选择"新建"命令，打开"新建演示文稿"对话框。

（2）在"新建演示文稿"对话框的"模板"列表框中单击"空白文档和最近使用的文档"选项。

（3）在中间"空白文档和最近使用的文档"列表框中单击"空白演示文稿"选项，在右边的预览框中可以看到该模板的预览效果，如图 2-2 所示。

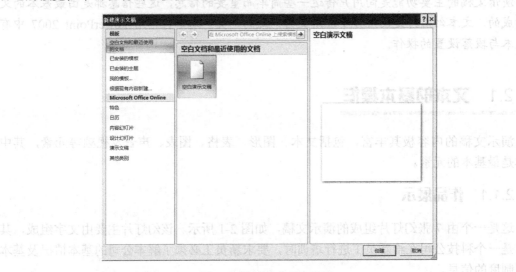

图 2-2　新建空白演示文稿

（4）单击"创建"按钮后，系统会生成一张空白演示文稿，该空白演示文稿中有两个占位符，提示用户输入需要的内容。

（5）在"单击此处添加标题"占位符中输入"欢迎各位新同事加入鹏飞科技"。选中标题文本，在"开始"选项卡的"字体"组中单击"字体"下三角按钮，在打开的下拉列表中单击"宋体"选项，如图 2-3 所示。单击"字体"组中的"字号"下三角按钮，在打开的下拉列表中设置字号为"44"，如图 2-4 所示。

采用类似的操作在"单击此处添加副标题"占位符中输入"南方鹏飞科技有限责任公司 www.pengfly95.com"，并设置相应的字号与字体。在后面幻灯片中文本的字体与字号均采用类似的操作设置。

（6）在"开始"选项卡的"幻灯片"组中单击"新建幻灯片"下三角按钮，打开如图 2-5 所示的幻灯片版式列表，在此列表中选择"空白"版式，在制作完成的幻灯片后添加一张空白幻灯片。

（7）单击"插入"打开"插入"选项卡，在此选项卡"文本"组中，单击"文本框"的下三角按钮，打开绘制文本框选择项，选择"横排文本框"，如图 2-6 所示。此时鼠标光标变成"↓"形状，按下鼠标左键，在空白幻灯片上画出一个文本框，在文本框中输入"鹏飞科技"。采用同样的操作，再画出一个文本框，并在文本框中输入相应的文本。分别对两个文本框中的文本设置字体、字号，设置后的效果如图 2-7 所示。

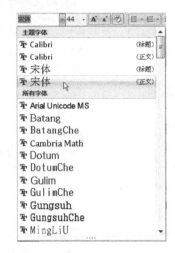

图 2-3　设置字体

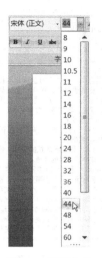

图 2-4　设置字号

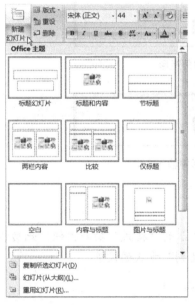

图 2-5　幻灯片版式列表

图 2-6　选择"横排文本框"

（8）重复第（6）步操作，在幻灯片后插入一张新的空白幻灯片，在空白幻灯片中插入一个文本框，并在文本框中输入"公司组织结构"，设置字体为"宋体"，字号为"36"，并将此文本框移到幻灯片的左上角。

（9）单击"开始"选项卡"绘图"组中的"形状"按钮，打开如图 2-8 所示的形状列表。在此列表中选择"矩形"中的"圆角矩形"项，此时鼠标变成"＋"形状，按下鼠标左键，在幻灯片的空白处画出一个大小合适的圆角矩形，如图 2-9 所示。

（10）选中此矩形，单击鼠标右键，选择快捷菜单中的"编辑文字"命令，在圆角矩形中输入"总经理"，设置字体为"宋体"，字号为"36"，如图 2-10 所示。

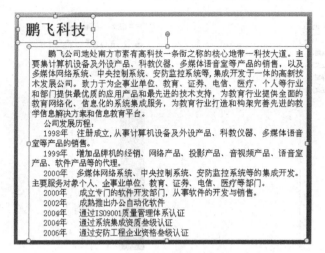

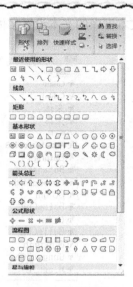

图 2-7   幻灯片的效果   图 2-8   形状列表

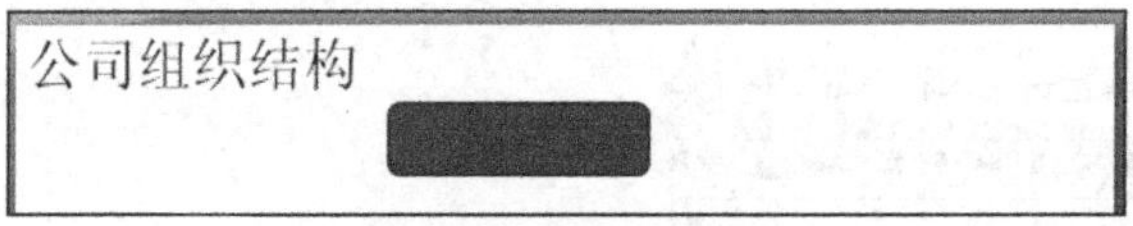

图 2-9   绘制圆角矩形

图 2-10   在圆角矩形中输入文字

小秘密

双击所绘制的矩形，系统会调出如图 2-11 所示的"格式"功能按钮，此功能按钮可以对所绘制的矩形进行"大小"、"形状样式"和"排列"方式的设置。

图 2-11   调整所绘制的形状

在形状列表中选择需要的形状，在幻灯片中进行绘制，在需要的形状中添加相应的文字并进行必要的字体、字号的设置，完成后的幻灯片效果如图 2-12 所示。

（11）插入新的空白幻灯片，在幻灯片中插入文本框并在文本框中输入"公司考勤制度"，设置字体为"宋体"、字号为"36"，将该文本框移到幻灯片的左上角。在此文本框的下方再插入一个文本框，在此文本框中输入公司考勤制度的内容。输入完成后，选中所输入的内容，如图 2-13 所示。

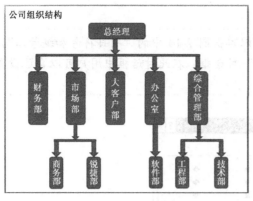

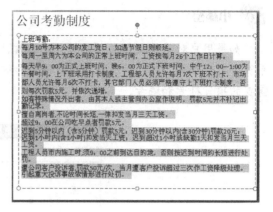

图 2-12　完成的"公司组织结构"幻灯片　　　　　图 2-13　公司考勤制度幻灯片

（12）在"开始"选项卡的"段落"组中单击"项目符号"按钮旁的下三角，打开如图 2-14 所示的项目符号列表，单击要选择的项目符号。单击"段落"旁的右下箭头，打开如图 2-15 所示的"段落"对话框，参照图示的情况设置段落的情况，设置后的效果如图 2-16 所示。

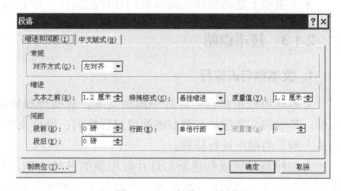

图 2-14　项目符号列表　　　　　　　　　图 2-15　"段落"对话框

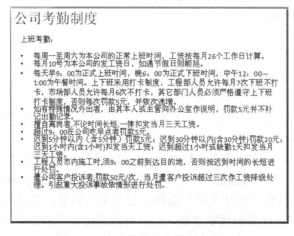

图 2-16　完成的公司考勤制度幻灯片

小秘密

> 如果用户对系统提供的项目符号不满意，可以单击图 2-14 中的"项目符号和编号..."，系统会打开如图 2-17 所示的"项目符号和编号"对话框，在此对话框中用户可以自己设置需要的项目符号和编号。

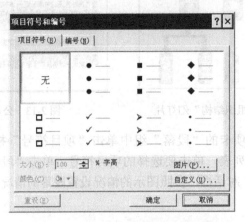

图 2-17　"项目符号和编号"对话框

采用类似上述的操作完成其他幻灯片的制作，最后保存演示文稿。

2.1.3　技术点睛

1．文本框与占位符

文本框可以用来在幻灯片中添加文本，有横排和竖排两种。横排文本框也称为水平文本框，其中的文字按从左到右的顺序进行排列；竖排文本框也称为垂直文本框，其中的文字按从上到下的顺序进行排列。

占位符是用模板创建新幻灯片时出现的各种边框，每个占位符均有提示文字，单击占位符可以在其中添加文字和对象。占位符是一种带有虚线边框的方框，所有幻灯片的版式中都包含占位符。这些方框内可以放置标题及正文，或者放置图表、表格和图片等对象。文本框与占位符如图 2-18 所示。

2．格式化文本

文本在幻灯片中可以通过设置其大小、字体号、颜色、样式等起到比较醒目的效果，使演示文稿更具有趣味性和观赏性。格式化文本的方法有多种，在实际工作中最常用的方法是使用"字体"组中的功能进行设置，"字体"组中常用的功能按钮如图 2-19 所示。

（1）设置文本字体

选中需要设置的文本对象或文本所在的文本框或占位符，在"开始"选项卡的"字体"组中单击"字体"下三角按钮 宋体(标题) ，打开字体下拉列表，从中选择需要设置的字体。PowerPoint 2007 具有"实时预览"功能，打开下拉列表，当鼠标指针滑过列表中的选项时，选中文本会出现该选项的预览效果，用户可以通过显示的效果来确定所选择的字体。

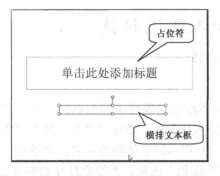

图 2-18　文本框与占位符

图 2-19　"字体"组功能按钮

 小秘密

　　浮动工具栏是 PowerPoint 2007 的一个新功能。当用户选择或者取消选择文本时，可以显示或隐藏一个半透明的工具栏，称为浮动工具栏，如图 2-20 所示。

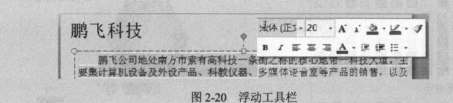

图 2-20　浮动工具栏

　　单击"宋体"旁边的下三角按钮，打开字体下拉列表，从中选择需要设置的字体，也可以完成字体的设置。

　　（2）设置文本字号

　　文本字号是设置文本大小的设置项，系统默认的字号大小为 8～96，数字越大，文本越大，数字越小，文本就越小。在"字体"组中单击"字号"下三角按钮 44·，在打开的下拉列表中选择合适的字号，即可为选择的文本设置字号。

 小秘密

　　单击"字体"组中的"增大字号"按钮 A· 和"减小字号"按钮 A·，也可以调节字号的大小。

　　（3）设置字体加粗

　　字体加粗是使选中文本的线条变得比原来的更粗大，但并不改变文本大小的一种操作。单击"字体"组中的"加粗"按钮 B，所选中的文本线条会加粗，如图 2-21 所示。

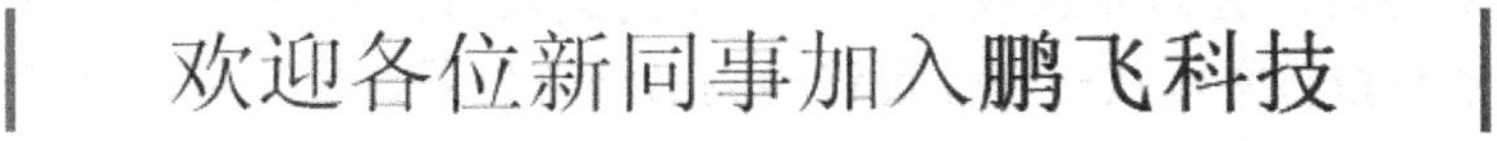

欢迎各位新同事加入鹏飞科技

图 2-21　加粗文本

　　（4）设置文本阴影

　　设置文本加粗、文本阴影等操作都是为了在幻灯片中突显所选文本的重要性。单击"字体"组中的"文字阴影"按钮 S，所选中的文本会出现阴影的效果，如图 2-22 所示。

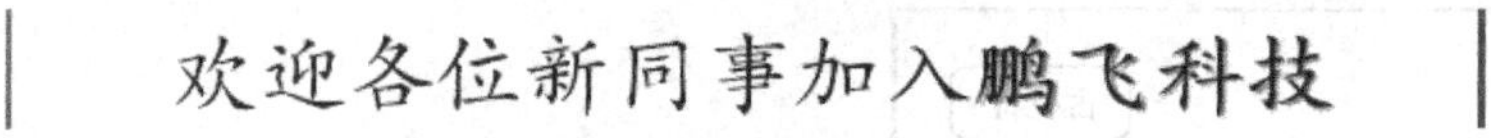

欢迎各位新同事加入鹏飞科技

图 2-22　设置文本阴影

（5）设置文本颜色

在一个演示文稿中，人们通常会设置不同的文本颜色来表达不同的意义，文本的颜色可以使用系统提供的标准色，用户也可以自己调配需要的颜色。单击"字体"组中"字体颜色"按钮旁的下三角按钮 **A·**，系统会打开如图 2-23 所示的字体颜色列表。如果在下拉列表中没有需要的颜色，用户可以在列表中单击"其他颜色"选项，系统会打开如图 2-24 所示的"颜色"对话框，用户可以在"标准"选项卡中单击需要的颜色，然后单击"确定"按钮，完成对文本颜色的设置。

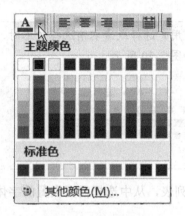

图 2-23　颜色列表

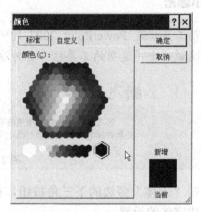

图 2-24　"颜色"对话框

 小秘密

> 单击"字体"组中的"清除所有格式"按钮，可清除选中文本的所有格式，只留下纯文本。

3. 编辑文本

在幻灯片中输入文本以后，在文本区域中的任何位置单击，都会出现控制点，按方向键可将插入点移动到要修改的位置，按 BackSpace 键可删除插入点左边的内容；按 Delete 键可删除插入点右边的内容。

（1）文本的选取与移动

要进行文本编辑，必须先选取文本，文本的选取方式可根据用户的需要而有所不同。文本的移动是指将文本从一个位置移动到另一个位置，用户可以移动整个占位符或文本框。

文本的选取方法有多种，使用最方便、最广泛的是用鼠标对文本进行选取。如果是选取一段文本，可以在此段文本的起始处按下鼠标左键，拖动鼠标到需要选取文本的结束处，松开鼠标，此时选取的文本以反色显示，如图 2-25 所示。

图 2-25　选取文本

如果要选取的文本是整个文本框或占位符中的内容，可以单击文本框或占位符的虚线边框使其变为实线边框，即表示选取了整个对象，如图 2-26 所示。单击选取对象外的任何一个位置，即可取消对象的选中状态。

图 2-26　选取对象整体

 小秘密

连续快速 3 次单击鼠标左键，可以选取光标所在段落的整段文本，如图 2-27 所示。

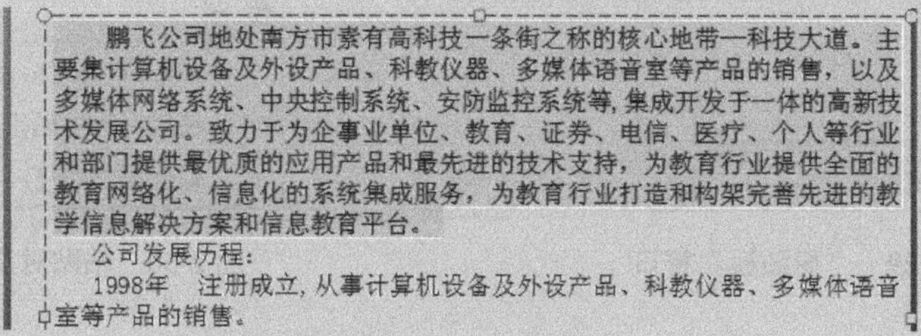

图 2-27　选取整段文本

文本的移动可以分为两种情况：整段文本的移动和部分文本的移动。整段文本的移动是将鼠标移动到占位符或文本框的边框上，当鼠标指针变为十字箭头形状时，按住鼠标左键，此时占位符中的文字和原有的边框变为淡化显示，并出现另一个直线边框表示当前位置，如图 2-28 所示，拖动到新位置后，释放鼠标左键即可完成移动操作。

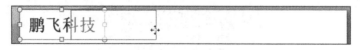

图 2-28　移动对象整体

部分文本的移动操作是在文本的任何位置单击，将插入点移动到想要选取文本的开始处，按下鼠标左键，拖动到想要选取文本的最后一个字符上，然后释放鼠标左键，被选取的文本呈反白显示。将光标放置于反白的文本中按下鼠标左键，拖动选中的文本到想要移动到的位置，释放鼠标左键即可完成移动操作。

（2）文本的复制与粘贴

文本的复制与粘贴是指将所选的文本复制一份并粘贴到另一个位置，而原位置的文本不会改变。

选中需要复制的文本，然后单击"开始"选项卡"剪贴板"组中的"复制"按钮，所选文本就会被复制到剪贴板中。单击"剪贴板"组中的对话框启动器按钮，可以打开"剪贴板"任务窗格，所有复制过的项目都保存在"剪贴板"任务窗格中，用户可以在其中选择要粘贴的项目，如图 2-29 所示。调整幻灯片到需要粘贴的幻灯片处，将插入点置于要粘贴文本的位置，单击保存在剪贴板上复制文本旁边的下三角按钮，在打开的列表中单击"粘贴"选项，如图 2-30 所示，则所选的文本被粘贴到插入点处。

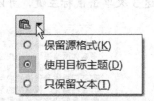

图 2-29   "剪贴板"窗口   图 2-30   粘贴对象

 小秘密

完成粘贴文本后，系统自动显示"粘贴选项"按钮，将光标移动至按钮上单击会打开下拉列表，用户可以选择粘贴的方式。想要保持粘贴文本的原始格式，则单击"保留源格式"选项；想要使粘贴文本的格式与当前占位符的格式相同，则单击"使用目标主题"选项；想要保留文本，但不想保留文本的格式，则单击"只保留文本"选项，如图 2-31 所示。

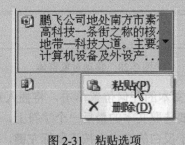

图 2-31   粘贴选项

（3）文本的剪切与粘贴

文本的剪切操作，是指将所选的文本剪切保留到剪贴板上，用户可以将其粘贴到另一位置，这一操作与移动文本相近。具体粘贴文本的方法和复制与粘贴的方法相同。

选择需要剪切的文本，单击"剪贴板"组中的"剪切"按钮，所选的文本会从原位置处转移到剪贴板中，用户可以使用粘贴的方法将其粘贴到合适的位置。

 小秘密

　　用户在剪切、复制和粘贴文本时，可以使用快捷键操作，相关的快捷键为：剪切（Ctrl+X）、复制（Ctrl+C）、粘贴（Ctrl+V）。

（4）复制格式

复制格式是将已经设置过格式的操作对象的格式复制到其他需要使用该格式的对象中，通常应用于文本格式和一些基本图形格式。格式的复制是快速设置演示文稿格式的一种简单的方法，也可以保持文稿格式的统一。格式刷是快速复制格式的最佳工具。使用格式刷有两种方式：一种是一次性使用，一种是多次使用。

选中正确格式的对象，然后单击"剪贴板"组中的"格式刷"按钮，此时鼠标指针变为刷子形状，拖动鼠标选中需要设置格式的对象，释放鼠标左键后即可应用复制的格式。

多次使用格式刷工具时，双击"格式刷"按钮，使格式刷工具按钮始终处于选中状态，再分次拖动鼠标选中需要设置格式的对象，所有对象设置完成后，单击格式刷工具按钮释放其选中状态。

（5）文本的查找与替换

在输入完成所有的文本后，用户可能会发现整个文档中的某个内容输错了，如果一个一个地查找相当麻烦，可能还会有遗漏，这时使用查找功能，可以准确地查找到需要的内容。如果要将错误内容都更改为一个新内容时，可以使用替换功能。

利用查找功能可以快速搜索到指定文本出现的所有位置。在"开始"选项卡的"编辑"组中单击"查找"按钮，如图 2-32 所示。系统会打开"查找"对话框，如图 2-33 所示，在"查找"对话框的"查找内容"文本框中输入要查找的内容，然后单击"查找下一个"按钮，系统会自动查找到所要查找内容的位置，并定位于此。

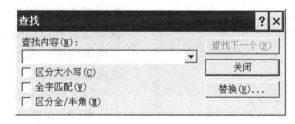

图 2-32　"编辑"功能组　　　　　　　　　图 2-33　"查找"对话框

替换功能可以自动将需要替换的内容替换成其他代替的内容。在"开始"选项卡的"编辑"组中单击"替换"按钮，系统会打开"替换"对话框，如图 2-34 所示。在"替换"对话框的"查找内容"文本框中输入要替换的内容，在"替换为"文本框中输入要替换的内容，单击"查找下一个"按钮，再单击"替换"按钮，这样查找到的内容就被替换掉。如果要替换所有查找到的内容，可以单击"全部替换"按钮，则所有内容全部被替换。

图 2-34　"替换"对话框

小秘密

用户不仅可以对文本内容进行替换操作，还可以对字体格式进行替换操作。单击"编辑"组中"替换"按钮旁的下三角按钮，在打开的列表中单击"替换字体"选项，即可打开"替换字体"对话框，如图 2-35 所示，用户可以在其中进行设置。

图 2-35　"替换字体"对话框

4．在演示文稿中绘图

图 2-36　形状列表

演示文稿中的内容主要是演讲者所要表达内容的提纲，有些演讲者会使用图形来表述自己的观点，使用图形可以更直观地反映演讲者的思路与想法，但需要演讲者加以阐述。这些图形可以是一些图片，也可以是演讲者自己绘制的图形。图片通常用于对文本进行辅助说明，用户自己绘制图形通常是演讲者需要表达内容的体现。

（1）绘制图形

在 PowerPoint 2007 中，用户可以很方便地插入"开始"选项卡"绘图"组中的各种形状，包括线条、矩形、基本形状、箭头总汇、公式形状和标注等，如图 2-36 所示。

在"开始"选项卡的"绘图"组中单击"形状"按钮，在打开的列表中单击需要绘制图形的按钮，将鼠标指针移动到需要绘制图形对象的位置，当鼠标指针变成十字形光标时，按住鼠标左键并拖动鼠标进行绘制。绘制完成后，释放鼠标左键即可。

图形对象绘制完成后，图形的四周会出现控制点，如图 2-37 所示。当对象被选中时，控制点就会出现，拖动图形的控制点可以调整图形的大小。

（2）在图形中编辑文本

绘制好图形以后，经常还需要为图形添加文本，用户可以在除线条以外的任意图形中添加文本，这些文本能够附加在对象之上，可以随着对象一起移动。

选中绘制的图形对象，单击鼠标右键，选择快捷菜单中的"编辑文字"命令，此时，在选中的图形对象中将出现插入点，表示可以输入文本，如图 2-38 所示，输入相应的文本即可。

图 2-37　图形对象

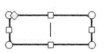

图 2-38　插入点

2.1.4　基础实例

 情景描述

南方乾照光电有限公司招聘了一批新员工，总经理助理杨天明对新员工进行了企业文化及企业基本情况的介绍，使新员工对公司有了一个基本的了解并对企业文化有了一定的认识。杨助理为此制作了培训的幻灯片，幻灯片的效果如图 2-39 所示。

图 2-39　幻灯片的效果

 制作思路

启动 PowerPoint 2007→新建演示文稿→确定幻灯片内容（欢迎页、公司简介页、公司管理机构页、公司制度页等）→制作幻灯片→保存文稿→退出 PowerPoint 2007。

 操作过程

（1）选择"开始"→"所有程序"→"Microsoft Office"→"Microsoft Office PowerPoint 2007"命令启动 PowerPoint 2007，系统自动新建"演示文稿 1"文档。

（2）制作欢迎页，效果如图 2-40 所示。

欢迎加入
Welcome to join us

南方乾照光电有限公司

图 2-40　欢迎页

① 删除"演示文稿 1"中的两个占位符，插入横排文本框，在文本框中输入"欢迎加入 Welcome to join us"，再插入横排文本框，在第二个文本框中输入"南方乾照光电有限公司"。

② 选中第一个文本框中的汉字"欢迎加入"，设置其字体为宋体（标题），字号为 40，选中文本框中的英文"Welcome to join us"，设置其字体为 Arial（标题），字号为 40，并调整文本框的位置到幻灯片的左上角。

③ 选中第二个文本框，在"开始"选项卡的"字体"组中，单击"字体"组中的对话框启动器按钮，打开"字体"对话框。在"字体"选项卡的"中文字体"下拉列表中选择字体为"宋体"，在"字体样式"下拉列表中选择字体样式为"加粗 倾斜"，在"大小"设置项中设置字体大小为"54"，单击"字体颜色"设置项的下三角按钮，设置字体的颜色为"深青"色，如图 2-41 所示，单击"确定"按钮关闭"字体"对话框。单击"字体"组中的"文字阴影"按钮，给文字加上阴影，调整文本到适当的位置。

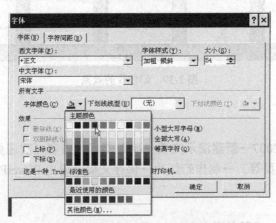

图 2-41　使用"字体"对话框设置字体

（3）制作培训安排页，效果如图 2-42 所示。

① 单击"开始"选项卡"幻灯片"组中的"新建幻灯片"按钮，在幻灯片版式下拉列表中选择"空白"版式的幻灯片，在演示文稿中插入一个新的空白幻灯片。

② 在幻灯片中插入一个横排文本框，在文本框中输入"培训内容及安排"，设置其字体为"华文中宋"，字号为"44"，并将其移动到幻灯片的左上角。再插入一个横排文本框，输入"培训内容"，设置其字体为"隶书"，字号为"32"，并将其移动到合适的位置。插入第 3 个横排文本框，分行输入"公司发展及展望、你的位置、公司制度等"，设置其字体为"隶书"，字号为"32"。采用相同的操作完成"时间安排"等内容的输入。

③ 选中"公司发展及展望、你的位置、公司制度等"内容，单击"段落"组中"编号"按钮旁的下三角按钮，打开编号列表，如图 2-43 所示，从中选择第一组作为所选文本的编号格式。

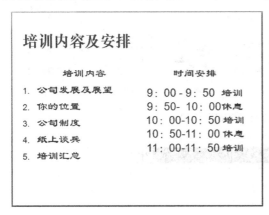

图 2-42　培训安排页

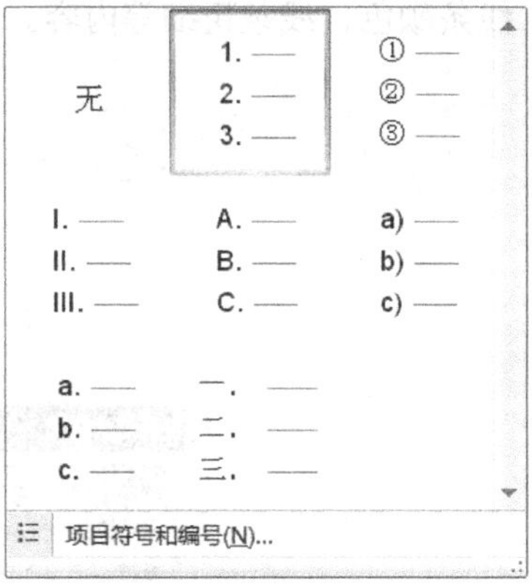

图 2-43　编号列表

（4）制作公司情况页。

公司情况页主要由文本组成，制作中主要涉及文本框的插入与文本的设置等基本操作。操作方法可以参考前面介绍的知识。

（5）制作"你的位置"页，如图 2-44 所示。

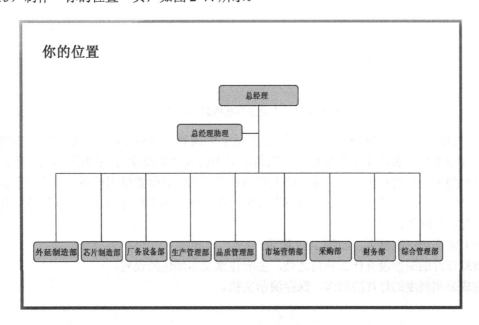

图 2-44　"你的位置"页

① 单击"开始"选项卡"幻灯片"组中的"新建幻灯片"按钮，在幻灯片版式下拉列表中选择"空白"版式的幻灯片，在演示文稿中插入一个新的空白幻灯片。

② 在幻灯片中插入一个横排文本框，在文本框中输入"你的位置"，设置其字体为"华文仿宋"，字号为"36"，并将其移动到幻灯片的左上角。

③ 单击"开始"选项卡"绘图"组中的"形状"按钮，打开形状列表，选择"圆角矩形"，鼠标指针变成十字形时，按下鼠标左键，在幻灯片中拖出一个圆角矩形。双击此矩形，系统会调出"格式"选项卡，如图 2-45 所示。单击"形状样式"旁的对话框启动器按钮，打开"设置形状格式"对话框，如图 2-46 所示，在此对话框中设置圆角矩形的填充色、线条颜色、线条粗细等内容。

图 2-45　绘图工具的"格式"选项卡

图 2-46　"设置形状格式"对话框

④ 拖动圆角矩形的控制点对其大小进行适当的调整，调整完成后，单击鼠标右键，选择快捷菜单中的"编辑文字"命令，在圆角矩形中输入"总经理"。采用相同的操作方式，完成其他圆角矩形的制作。将制作完成的圆角矩形按图示的位置排列整齐，单击"形状"按钮，打开形状列表，单击"肘形连接符"按钮，在幻灯片中绘制肘形连接符，完成"你的位置"幻灯片的制作。

（6）制作公司制度页，如图 2-47 所示。

该幻灯片的制作没有什么特别之处，主要注意文本颜色的设置。

完成公司制度幻灯片的制作，保存演示文稿。

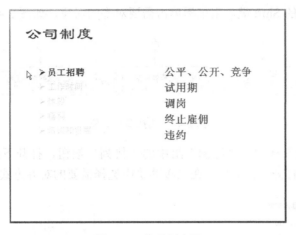

图 2-47　公司制度页

2.1.5　举一反三

1. 你们班级将有一批外地学生进行交流学习，每个同学为班级制作一个演示文稿，介绍班级的基本情况。演示文稿中要有班级公约、班规班纪、班级管理体系等内容。

2. 联想集团新出了一款笔记本电脑，请你收集该电脑的资料，制作一个介绍该款笔记本电脑主要性能的宣传片。

3. 你们班将迎接一批四川的学生，请你制作一个介绍你们学校的幻灯片。

2.1.6　技巧与总结

1. 选择多个对象

在一张幻灯片中通常会有多个对象，编辑时通常是对某一对象进行编辑，完成后再选择另一对象。如果对多个对象的设置是相同的，可以将多个对象同时选中，再统一进行编辑设置。

选择多个对象的方法是，按住键盘上的 Shift 键，再用鼠标逐个选择需要选择的对象，则多个对象会同时选中，如图 2-48 所示。

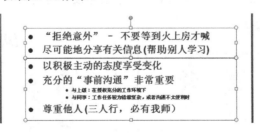

图 2-48　选择多个对象

2. 对齐多个对象

在一张幻灯片中常常需要插入多个对象（图片、图形、文本框等），如何让它们排列得整整齐齐呢？

（1）按住键盘上的 Shift 键，用鼠标单击需要对齐的对象，如图 2-49 所示。

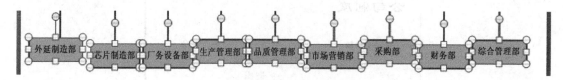

图 2-49　选择多个对象

（2）单击"开始"选项卡"绘图"组中的"排列"按钮，打开下拉菜单，在下拉菜单中选择"对齐"项，打开二级菜单，在二级菜单中选择需要的对齐方式，如图 2-50 所示。

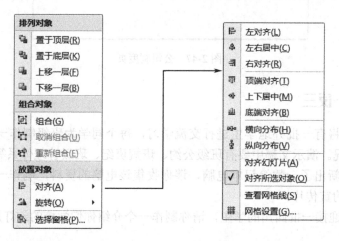

图 2-50　对齐方式菜单

3. 形状的组合

简单的图形若组合成复杂的图形后，就可以将该组合中的所有对象视为一个单一的对象来进行处理，PowerPoint 2007 提供了形状的组合功能。组合前的每个对象都是独立的，可以单独进行编辑，选中对象时，每个对象都有自己独立的控制点，如图 2-51 所示；而多个对象组合后，所有组合的对象成为一个整体，共有控制点，可以整体进行调整，如图 2-52 所示。每个组合后的对象仍然可以作为单独对象进行设置与调整。

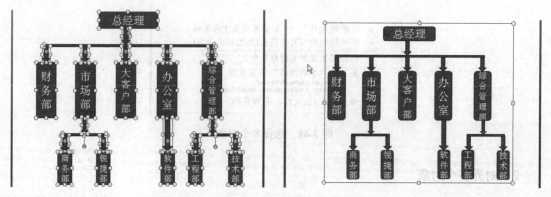

图 2-51　对象组合前　　　　　　　　　　图 2-52　对象组合后

（1）按住 Shift 键的同时选中需要组合的图形对象，可以看到每个图形对象周围都有控制点，单击"开始"选项卡"绘图"组中的"排列"按钮，打开下拉列表。

（2）在下拉列表中选择"组合对象"中的"组合"命令，单击"组合"命令后所选中的图形即可组合成一个对象。此时，若将组合后的图形任意拖动，则会发现整个图形作为一个整体进行移动。

 总结

在演示文稿中占位符与文本框使用得非常广泛，占位符中可以存放多种对象，文本框中主要存放文本对象。文本对象又是演示文稿的主要操作对象，其格式的设置主要涉及字体、字号、颜色及一些特殊的设置，如加粗、加阴影、加下画线等，这些设置都可以通过"开始"选项卡"字体"组中相应的功能按钮实现。幻灯片中还有一个重要的操作对象就是图形对象，图形对象有多种，本节中只涉及形状对象。形状对象在幻灯片中主要用于展示流程、组织结构、功能区域等内容，需要用户根据情况对其进行相应的组合，以展示用户信息。本节中主要介绍形状对象的绘制、组合及形状中文本的添加方法等内容，还没有涉及形状的设置知识，通过对形状的设置可以产生很多奇妙的效果，用户可以自行尝试使用。

2.2　段落的设置

演示文稿中的段落是指两个回车符之间的文本，段落通常由很多行的文本组成。设置文本的段落格式包括文本的对齐与缩进、行距和段间距、文字分栏等。

2.2.1　作品展示

这是一个由两张幻灯片组成的演示文稿，如图 2-53 所示。该幻灯片主要由文字组成，内容是向到学校报到的新生说明报到时的一些问题，属于公告性质。这种类型的幻灯片一般使用大型电子屏幕进行播放。

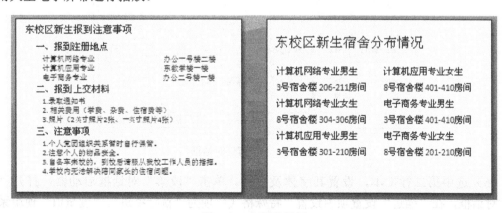

图 2-53　幻灯片示例

此类幻灯片主要用于公告等简短信息的发布，使用场合主要是街头的电子屏、单位的电子屏等大型电子屏幕。

2.2.2　操作方法

选择"开始"→"所有程序"→"Microsoft Office"→"Microsoft Office PowerPoint 2007"命令，启动 PowerPoint 2007。

（1）单击"Office 按钮"，在打开的菜单中选择"新建"命令，打开"新建演示文稿"对话框，在"新建演示文稿"对话框中选择"空白演示文稿"创建一个空白演示文稿。

（2）单击"开始"选项卡"绘图"组中的"形状"按钮，打开形状列表，在"基本形状"中选择"文本框"按钮，按下鼠标左键，在幻灯片中拖出一个宽度比幻灯片编辑区略窄的文本框。

（3）在文本框中输入相应的文本，如图 2-54 所示。

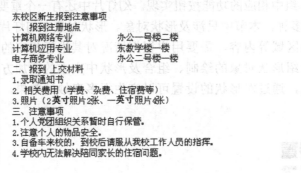

图 2-54　输入幻灯片文本

（4）选中"东校区新生报到注意事项"一行，设置其字体为"宋体（正文）"，字号为"32"。

（5）将光标放置于"东校区新生报到注意事项"行的任意位置，单击"段落"对话框启动器，打开如图 2-55 所示的"段落"对话框，设置该段的段后间距为"18 磅"。

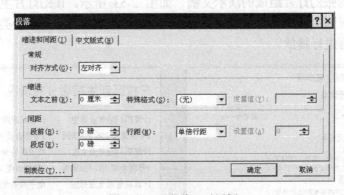

图 2-55　"段落"对话框

（6）选中第二行文本，设置其字体及字号。单击"段落"对话框启动器，打开"段落"对话框，在"缩进"设置项中设置"特殊格式"项为"首行缩进"，"度量值"使用系统默认值，设置本行段后间距为"6 磅"，行距为"单倍行距"，如图 2-56 所示。

（7）其他段落采用同样的方法进行设置，设置完成后的效果如图 2-53 左图所示。

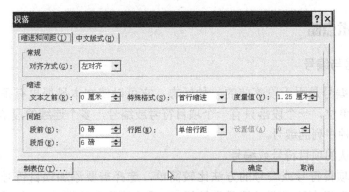

图 2-56　设置段落缩进

（8）插入一张新的空白幻灯片，在幻灯片的上部插入一个文本框，在文本框中输入"东校区新生宿舍分布情况"，设置其字体为"宋体"、字号为"44"。在文本框下再插入一个横排文本框，在该文本框中输入宿舍安排的内容，如图 2-57 所示。选中该文本框，打开"段落"对话框，设置段落行距为"1.5 倍行距"。

（9）单击"段落"组中的"分栏"按钮，打开分栏列表，如图 2-58 所示，选择"两列"格式，此时文本对象没有发生什么变化。

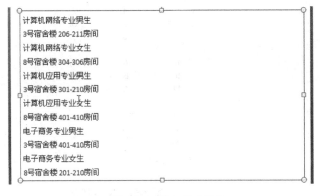

图 2-57　输入文本对象

图 2-58　分栏列表

（10）选中文本框，设置其中文本的字体为"宋体"、字号为"28"，此时，文本会自动分为两栏，如图 2-59 所示。

图 2-59　分栏后的文本对象

（11）对幻灯片做简单的调整后保存演示文稿。

2.2.3 技术点睛

1. 项目符号与编号

项目符号与编号是用于段落前的一种标志，它可以使文本显得更有条理性和层次。它的设置以段落为单位，一个段落只有一个项目符号或编号，多个连续的段落通常使用同一种项目符号或同一种序列的编号。

（1）设置默认的项目符号或编号

设置默认的项目符号或编号的方法比较简单，选择需要添加项目符号或编号的段落，然后单击"段落"组中的"项目符号"按钮 ☰ 或"编号"按钮 ☰，此时就可以在所选择的段落前加上默认的项目符号或编号。

（2）设置非默认的项目符号或编号

PowerPoint 2007 系统中自带了若干种项目符号与编号供用户选择使用。单击"项目符号"按钮旁的下三角按钮，系统会打开项目符号列表，如图 2-60 所示，从中选择合适的项目符号后单击即可。编号的设置与项目符号类似，单击"编号"按钮旁的下三角按钮，系统会打开编号列表，如图 2-61 所示，从中选择合适的编号后单击即可。

图 2-60   项目符号列表

图 2-61   编号列表

（3）设置自定义的项目符号

自定义的项目符号是使用用户选择的一些特殊符号或图片作为项目符号的标志，设置在文本中可以起到特别的效果。

单击"项目符号"下三角按钮，在打开的项目符号列表中单击"项目符号和编号"选项，打开"项目符号和编号"对话框，如图 2-62 所示。选择"项目符号"选项卡，可以更改项目符号的颜色和大小。如果想设置自定义项目符号，可单击"自定义"按钮，系统会打开如图 2-63 所示的"符号"对话框，用户可以在其中选择需要的符号作为项目符号，设置完成后单击"确定"按钮。

如果用户想使用自己的图片作为项目符号，可以在"项目符号"选项卡中单击"图片"按钮，系统会打开如图 2-64 所示的"图片项目符号"对话框。用户可以在其中选择图片作为项目符号，如果没有合适的对象，可以单击"导入"按钮将所需要的图片导入到"图片项目符号"对话框中，如图 2-65 所示，设置完成后单击"确定"按钮。

图 2-62 "项目符号和编号"对话框

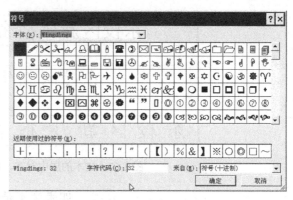

图 2-63 "符号"对话框

图 2-64 "图片项目符号"对话框

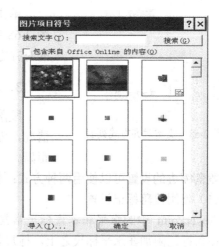

图 2-65 导入图片

2．段落的对齐

段落是由多行的文本组成的，段落的对齐是指调整文本在文本框中的排列方式。段落的对齐主要有左对齐、居中对齐、右对齐、分散对齐和两端对齐等。

左对齐是将光标所在的段落文本与文本框的左侧对齐；居中对齐是将文本在文本框居中对齐，到文本框的左右边距相等；右对齐是将文本与文本框的右侧对齐；分散对齐是使段落两端同时对齐，并根据需要增加字符间距，这样可以创建外观整齐的文档；两端对齐是指文本的左侧与右侧全部对齐，在文本内容不足一行时，与左对齐很类似。

将光标放置于需要设置段落对齐的文本中，单击"段落"组中的"左对齐"按钮，可以设置段落的左对齐，如图 2-66 所示。其他的对齐方式设置与左对齐相同，如图 2-67 所示。

图 2-66 设置文本左对齐

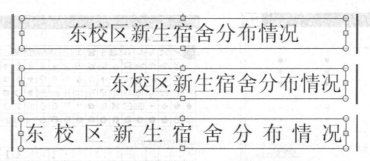

图 2-67 文本的居中对齐、右对齐和分散对齐

如果文本是在占位符中输入的，还可以设置文本的顶端对齐、中间对齐和底部对齐方式。

单击"段落"组中的"对齐文本"按钮，打开如图 2-68 所示的文本对齐方式列表，在列表中单击需要设置的对齐方式，光标所在处文本的对齐方式就会发生改变。

3. 段落的缩进

段落的缩进是指段落文本在文本框或占位符中的排列情况，缩进调整的是文本的边缘与文本框或占位符边框的距离。

图 2-68 文本对齐方式列表

段落缩进的设置可以使用两种方式：使用段落标记，使用"段落"对话框。

（1）使用段落标记设置

PowerPoint 中的水平和垂直标尺常常用于对齐幻灯片中的文本、图形、表格和其他元素。段落标记附加在水平标尺之上，标尺显现时段落标记随之出现。

单击"视图"选项卡，在"显示/隐藏"组中勾选"标尺"复选框即可显示标尺，如图 2-69 和图 2-70 所示。

图 2-69 勾选"标尺"

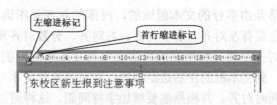

图 2-70 标尺

选中需要设置缩进的段落或将光标放置于该段落的任意位置处，在水平标尺上会出现缩进标记，拖动首行缩进标记到标尺的合适位置，拖动左缩进标记到合适的位置，此时光标所在的段落文本将会随着缩进标记的调整而发生变化。

（2）在"段落"对话框中设置

单击"段落"组中的对话框启动器按钮，打开如图 2-71 所示的"段落"对话框，切换到"缩进和间距"选项卡，在"缩进"项设置相应的内容。"文本之前"项目设置的是文本的左缩进，"特殊格式"项目设置的是首行缩进，"度量值"是首行缩进的距离。

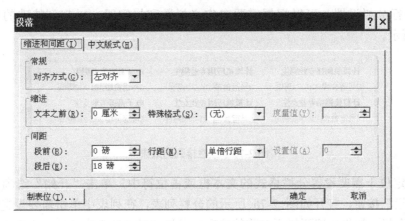

图 2-71　"段落"对话框

4．行距与段间距

行距是指段落中各行文字之间的距离，段间距分为段前间距和段后间距，是两个段落之间的距离。

（1）调整行距

选中需要调整行距的文本，单击"段落"组中的"行距"按钮，在打开的如图 2-72 所示的列表中选择合适的行距，所选中文本的行距即进行了调整。

在调整行距列表中，选择"行距选项"，系统会打开"段落"对话框，在该对话框"间距"设置项的"行距"设置栏中可以对行距进行设置，如图 2-73 所示。

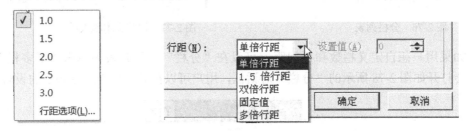

图 2-72　调整行距　　　　　　　　　　图 2-73　设置行距

（2）设置段间距

两个段落之间的距离可以通过段间距来进行设置，可以在一个段落中通过设置段前或段后间距来调整两个段落之间的距离，也可以通过在两个段落中分别设置的方法来调整两个段落之间的距离。

图 2-74　设置段间距

段间距是在"段落"对话框的"间距"设置项中进行设置的。选中需要设置段间距的多个段落，打开"段落"对话框，在"间距"设置项中设置"段前"和"段后"的距离，如图 2-74 所。如果在一个段落设置，可以将光标定位于该段落，不需要选中。

5．分栏

默认情况下，在幻灯片的文本框或占位符中输入的文本都是按一栏处理的，如果用户想对文本进行分栏设置，可以根据需要自定义栏数和栏间距，以起到特殊的排列效果，如图 2-75 所示。

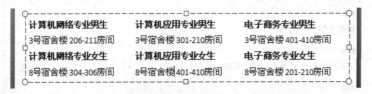

图 2-75　三栏排列的效果

　　将光标定位于需要设置分栏格式的文本框或占位符中，单击"开始"选项卡"段落"组中的"分栏"按钮，打开如图 2-76 所示的分栏列表，在列表中单击需要设置的项目，文本将被分为多栏。如果出现两栏不对称的情况，可以通过调整文本框的大小来进行调整，如图 2-77 所示。

图 2-76　分栏列表

图 2-77　调整文本框大小

　　如果用户想自定义栏数和栏间距，可以在"分栏"下拉列表中单击"更多栏"选项，系统会打开如图 2-78 所示的"分栏"对话框，用户可以在对话框中进行必要的设置。

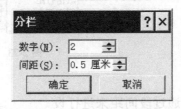

图 2-78　"分栏"对话框

2.2.4　基础实例

 情景描述

　　南方职业教育中心在新学期开学、新生报到之际，制作了几幅幻灯片，通过学校的电子屏幕向全校学生通报上一个学年学校的先进班集体和先进个人的情况，用以激励学生在新的一年里勤奋学习、努力向上、苦练技能，做一个服务于社会的有用人才。幻灯片的效果如图 2-79 所示。

图 2-79　幻灯片示例效果

 制作思路

启动 PowerPoint 2007→新建空白演示文稿→确定幻灯片内容（省市先进班集体与个人等，由于数量有限，可以在一页内完成，设置好字体、字号、行距与段间距等，而学校技能标兵人数众多，考虑采用分栏排列）→制作幻灯片→保存文稿→退出 PowerPoint 2007。

 操作过程

（1）选择"开始"→"所有程序"→"Microsoft Office"→"Microsoft Office PowerPoint 2007"命令启动 PowerPoint 2007，系统自动新建"演示文稿 1"文档。

（2）将"演示文稿 1"中的两个占位符全部删除，使之成为一个空白文稿。

（3）制作第一张幻灯片。

① 在幻灯片中插入一个文本框，并在文本框中输入相应的内容，如图 2-80 所示。

② 选中第一行文本，设置字体为"宋体"，字号为"36"，设置本段的段后间距为"18 磅"。

③ 选中第二行文本，设置字体为"宋体"，字号为"32"，设置本段的段前间距为"6 磅"，段后间距为"12 磅"。

④ 选中除第一、第二行外的全部文本，设置字体为"宋体"，字号为"28"。设置段前间距为"6 磅"，行距为"单倍行距"，首行缩进为"1 厘米"。分别选中"文明班集体"、"优秀团支部"、"三好学生"和"优秀学生干部"等行，设置其字体加粗。完成后的效果如图 2-81 所示。

图 2-80　在幻灯片中输入文本　　　　　　图 2-81　完成格式设置的幻灯片

（4）添加一张空白幻灯片，采用相同的方法制作第二张幻灯片，制作完成后的幻灯片效果如图 2-82 所示。

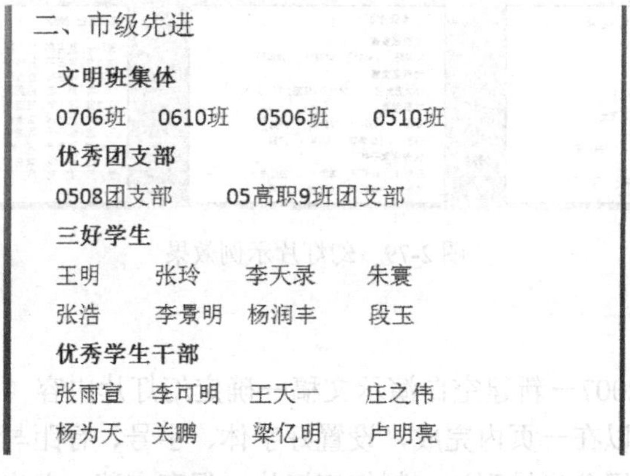

二、市级先进

文明班集体

0706班　0610班　0506班　0510班

优秀团支部

0508团支部　　　05高职9班团支部

三好学生

王明	张玲	李天录	朱褰
张浩	李景明	杨润丰	段玉

优秀学生干部

张雨宣	李可明	王天一	庄之伟
杨为天	关鹏	梁亿明	卢明亮

图 2-82　第二张幻灯片的效果

（5）添加一张空白幻灯片，在幻灯片中插入一个文本框，在文本框中输入"校技能标兵"，设置其字体为"宋体"、字号为"32"；再插入一个文本框，输入技能标兵的学生姓名，设置字体为"宋体"、字号为"32"；选中第二个文本框中的所有文本，打开"分栏"对话框，设置栏数为 6 栏，栏间距为 0.5 厘米。设置完成后的效果如图 2-83 所示。

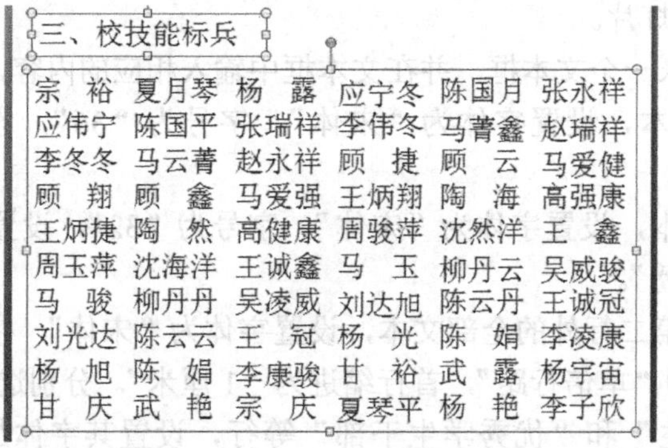

三、校技能标兵

宗 裕	夏月琴	杨 露	应宁冬	陈国月	张永祥
应伟宁	陈国平	张瑞祥	李伟冬	马菁鑫	赵瑞祥
李冬冬	马云菁	赵永祥	顾 捷	顾 云	马爱健
顾 翔	顾 鑫	马爱强	王炳翔	陶 海	高强康
王炳捷	陶 然	高健康	周骏萍	沈然洋	王 鑫
周玉萍	沈海洋	王诚鑫	马 玉	柳丹云	吴威骏
马 骏	柳丹丹	吴凌威	刘达旭	陈云丹	王诚冠
刘光达	陈云云	王 冠	杨 光	陈 娟	李凌康
杨 旭	陈 娟	李康骏	甘 裕	武 露	杨宇宙
甘 庆	武 艳	宗 庆	夏琴平	杨 艳	李子欣

图 2-83　第三张幻灯片的效果

（6）保存演示文稿，退出系统。

2.2.5　举一反三

1. 新学期即将开始，学校将迎来一批新同学，各位新同学对学校的情况不太了解，学工处的老师希望制作一个电子文稿，通过学校电子屏向新同学告知新班级的一些情况：教室的位置、班主任是谁、新生分班情况等内容。你能帮忙做一个吗？

2. 学生会将组织校园十佳歌手比赛，由于学校剧场的座位有限，每个班只能选派 20 人到现场助威。请你协助学生会将到场观看的注意事项、每个班级的座位安排、歌手的出场顺序等内容制作成电子文稿，使用大屏幕展示出来，以免现场混乱。

3. 5·12 汶川大地震牵动着全体中国人的心，全国人民纷纷伸出援助之手，献出一份自己的爱心。你们学校也组织了募捐活动，请你将学校募捐活动中各个班级的捐款情况通过学校大屏幕向全体同学做一个公示。

2.2.6　技巧与总结

1．设置文本框或图形中文字的自动换行

有时文本框或图形中的文字过多，会被挤到图形或文本框的外面，如图 2-84 所示，用户可以利用设置图形中的文字自动换行的方法来解决这个问题。

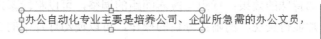

图 2-84　文本溢出

打开演示文稿，单击"开始"选项卡"段落"组中的"对齐文本"按钮，在打开的列表中单击"其他选项"，如图 2-85 所示。系统会打开"设置文本效果格式"对话框，在此对话框中将窗口切换到"文本框"界面，如图 2-86 所示，勾选"形状中的文字自动换行"复选框，单击"关闭"按钮，文本框或图形中的文字将会根据文本框或图形的大小自动换行。

图 2-85　选择"其他选项"

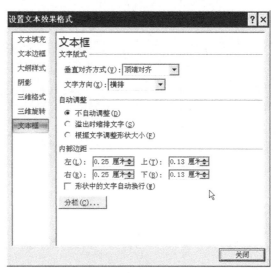

图 2-86　设置文本自动换行

2．更改大小写

大小写的问题主要出现于使用英文制作的幻灯片中，PowerPoint 2007 根据英文的书写习惯为用户提供了大小写转换功能，可以将英文的大小写根据用户的要求进行相应的转换，用户在制作幻灯片时就不需要考虑大小写的问题。

选中需要进行大小写转换的文本框或需要转换的文本，单击"字体"组中的"更改大小写"按钮，打开如图 2-87 所示的列表，根据用户的需要进行大小写的转换。

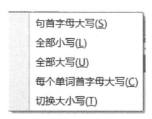

图 2-87　大小写转换列表

总结

　　段落的设置以整个段落作为设置对象，不需要选中操作，只需要将光标定位于要设置的段落中就可以进行设置。主要的设置内容有：为多个段落添加项目符号，使文本显得更有条理与层次；多个段落的对齐设置，可以调整文本在文本框中的排列方式；段落的缩进设置，可以给段落添加特殊的效果；行距与段落间距的调整，可以将段落之间的距离设置到合适的距离，使幻灯片显得美观、清晰；分栏的操作，可以使幻灯片中的文本排列更有序。

第3章 PowerPoint 2007 图形操作

内容导读

为了让制作的幻灯片显得更加精美、更加吸引人的注意，除了在幻灯片中输入相对应的文本内容之外，还可以在幻灯片中插入图片、剪贴画或者艺术字等图形对象，使主题更加突出。本章将介绍 PowerPoint 2007 中有关图形对象的操作。

3.1 使用图片展示企业文化

图片是幻灯片中的主要元素，图片的加入可以给人们带来视觉上的冲击，有时候起到比文本更有效的效果。在幻灯片中使用图片通常是对文本内容的一个补充，使文本内容显得更直观明了，也能够增加幻灯片的观赏性。

3.1.1 作品展示

这是一个由 4 张幻灯片组成的演示文稿，如图 3-1 所示，是一个企业给新员工进行培训用的幻灯片，内容包括企业的基本情况、企业文化、企业的规章制度、企业的管理体系等。

图 3-1 演示文稿示例

此种类型的演示文稿幻灯片根据内容可多可少，在播放时通常以人工控制的方式进行，主要用于企业产品介绍、企业介绍、学校介绍、专业介绍等实际工作场合，由一定量的图片与一定的文字组成，图片主要围绕幻灯片的主题准备，可以是公司的办公环境照片、蕴含公司文化的图片，或是一些对幻灯片内容有一定辅助作用的卡通图片等。

3.1.2 操作方法

在保存文件的文件夹中单击鼠标右键，选择快捷菜单中的"新建"→"Microsoft Office PowerPoint 演示文稿"命令，新建一个演示文稿文件，双击该演示文稿文件的图标，启动 PowerPoint 2007，如图 3-2 所示。

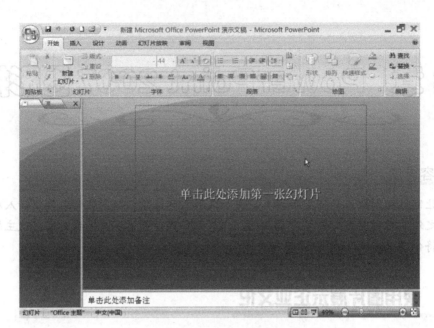

图 3-2　没有幻灯片的工作界面

（1）单击"开始"选项卡"幻灯片"组中的"新建幻灯片"按钮，打开"Office 主题"列表，从中选择"空白"幻灯片版式，新建一个空白幻灯片。

（2）在空白幻灯片中单击鼠标右键，选择快捷菜单中的"设置背景格式"命令，打开如图 3-3 所示的"设置背景格式"对话框。在此对话框的"填充"设置项中选择"图片或纹理填充"单选项。

（3）单击"文件"按钮，打开如图 3-4 所示的"插入图片"对话框。在该对话框中选择背景图片后，单击"插入"按钮，返回"设置背景格式"对话框中，单击"全部应用"按钮，幻灯片的白色背景即由背景图片所代替，如图 3-5 所示。

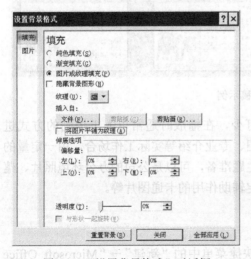

图 3-3　"设置背景格式"对话框

图 3-4　"插入图片"对话框

图 3-5　使用图片作为背景后的幻灯片

　　在"设置背景格式"对话框中，如果不单击"全部应用"按钮，而单击"关闭"按钮，则幻灯片背景只在一张幻灯片中起作用。

　　（4）在幻灯片中插入两个文本框，在文本框中分别输入"成功，我们共同努力"和"拓旎科技欢迎您！"文本，对两个文本框中的内容进行字体、字号的设置。单击"插入"选项卡"插图"组中的"图片"按钮，打开"插入图片"对话框，在该对话框中选择需要插入的图片后，单击"插入"按钮，在幻灯片中插入一幅图片，如图 3-6 所示。

图 3-6　在幻灯片中插入图片

　　此时插入图片的四周有 8 个控制点，将鼠标定位到四个角的控制点上，拖动鼠标可以粗略调节图片的大小，如图 3-7 所示。图片的大小调节完成后，将图片拖动到幻灯片合适的位置，完成图片的插入，效果如图 3-8 所示。

图 3-7　调整图片的大小

图 3-8　完成图片调整后的效果

　　（5）新插入一张空白幻灯片，再插入两个文本框，在文本框中输入需要的内容，并设

置文本的字体、字号、颜色等内容。单击"插入"选项卡"插图"组中的"剪贴画"按钮
，系统会打开如图 3-9 所示的"剪贴画"任务窗格。单击"搜索"按钮，在"选定收藏集"中会搜索出很多系统自带的剪贴画，如图 3-10 所示。

图 3-9　"剪贴画"任务窗格　　　　　　　　图 3-10　搜索剪贴画

（6）在剪贴画预览窗口中找到需要的剪贴画，双击所选中的剪贴画，则剪贴画被插入幻灯片中。对剪贴画进行大小的调整后，将其移动到幻灯片的合适位置处，完成剪贴画的插入操作，效果如图 3-11 所示。

图 3-11　幻灯片插入剪贴画的效果

（7）插入新幻灯片，采用基本相同的操作完成其他幻灯片的制作，保存幻灯片。

3.1.3　技术点睛

1. 幻灯片背景

幻灯片背景是一种配色方案，类似于我们平常使用的信纸，有白底、黄底、蓝底等，也可以是渐变色的或有一些简单、浅色的图案。作为背景的图案一定不能是太深的颜色，否则幻灯片中的内容将压不住背景。在 PowerPoint 2007 中背景有两种类型：系统内置的背景和用户自定义背景。

1）内置的背景

内置的背景在背景样式库中显示为缩略图。将鼠标指针置于某个背景样式缩略图上时，可以预览该背景样式在演示文稿中的效果。如果用户满意该背景样式，则可以将其应用，操作方法如下。

（1）在"设计"选项卡的"背景"组中单击"背景样式"按钮 ，系统会打开如图 3-12 所示的背景样式库。

（2）在打开的背景样式库中单击需要的样式，所选的样式就应用于所有的幻灯片中。所有幻灯片应用的效果可以在"大纲/幻灯片浏览"窗格中看到，如图 3-13 所示。

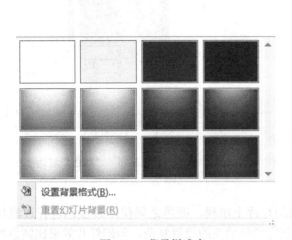

图 3-12　背景样式库

图 3-13　应用于所有幻灯片

 小秘密

如果想把所选背景只应用于所选幻灯片，可以在所选样式上单击鼠标右键，在快捷菜单中选择"应用于所选幻灯片"命令。

如果用户想要隐藏背景图形，可以勾选"背景"组中的"隐藏背景图形"复选框，则在幻灯片中不显示所选主题中包含的背景图形。

2）自定义背景

用户也可以根据自己的喜好自定义背景样式，可以设置背景样式为纯色、渐变、图片或纹理效果等。

（1）纯色填充

单击要添加背景样式的幻灯片，再单击"背景"组中的"背景样式"按钮，在打开的"背景样式"库中单击"设置背景格式"选项。或者在要添加背景样式的幻灯片中单击鼠标右键，在快捷菜单中选择"设置背景格式"命令。两种方法都会打开"设置背景格式"对话框，如图 3-3 所示。

在打开的"设置背景格式"对话框中选中"纯色填充"单选按钮，单击"颜色"按钮，在打开的颜色列表中选择合适的颜色，如图 3-14 所示，单击"关闭"按钮，使选择的颜色应用于所选幻灯片。

小秘密

> 如果在颜色列表中没有合适的颜色，可以单击"其他颜色"按钮，系统会打开如图 3-15 所示的"颜色"对话框，在此对话框中用户可以自己调配颜色，调配完成后单击"确定"按钮，用户所调配的颜色就应用于所选幻灯片中。

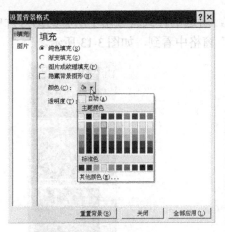
图 3-14 设置纯色背景

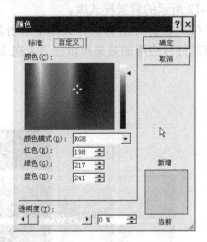
图 3-15 "颜色"对话框

（2）渐变填充

渐变填充是利用多个颜色在一张幻灯片上出现，颜色之间使用过渡色进行过渡从而形成颜色渐变的效果。渐变填充的设置要比纯色填充的设置复杂，但幻灯片效果比纯色填充的效果丰富许多。

在打开的"设置背景格式"对话框中选中"渐变填充"单选按钮，再单击"预设颜色"按钮，打开"预设颜色"列表，从中选择合适的预设颜色，如图 3-16 所示。接下来可以根据实际需要设置"类型"、"方向"、"角度"、"渐变光圈"、"结束位置"、"颜色"和"透明度"等内容，设置完成单击"关闭"按钮，使设置应用于幻灯片。这里的设置有很多的组合方式，设置出的效果也是千变万化，需要读者根据实际需要进行设置。

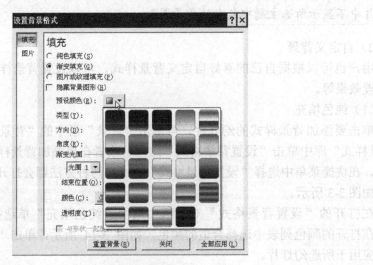
图 3-16 设置渐变填充

纹理效果与背景图片的设置相对比较简单，请读者自行练习掌握。

2．插入图片

插入图片的操作对图片并没有什么特殊的要求，只要是以文件形式存放在存储介质中的各种图形文件，均可以插入幻灯片中。插入幻灯片中的图形可以被用户进行编辑、修改、删除等操作。

选中需要插入图片的幻灯片，使其处于编辑状态，在"插入"选项卡的"插图"组中单击"图片"按钮，系统会打开"插入图片"对话框，在"查找范围"下拉列表中找到要向演示文稿中添加的图片所在的文件夹，如图 3-17 所示。选中文件后，单击"插入"按钮，所选文件即被插入幻灯片中，此时，在功能区会出现"图片工具"选项卡，如图 3-18 所示。

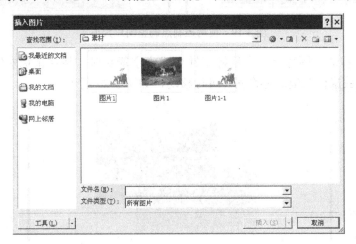

图 3-17　插入图片

图 3-18　"图片工具"选项卡

3．编辑图片

在幻灯片中添加了图片后，图片通常并不适合演示文稿，需要对其进行处理。对图片进行处理就是使用图片工具对图片进行修改，处理的项目主要有大小的调整、图片的裁剪、样式的设置及图片的排列等，经过处理后使图片更适合演示文稿。

下面以设置图片的大小及位置为例，说明其操作方法。

直接插入幻灯片中的图片保持了原有的大小并处于幻灯片的中央位置，这显然是不符合用户要求的，用户常常需要改变图片的大小和位置等属性。除了拖动图片的控制点改变图片的大小外，还可以在"图片工具-格式"选项卡的"大小"组中精确地设置图片的大小。

使用控制点调整图片大小的方法操作起来比较方便，是平常幻灯片制作时使用比较多的方法。单击图片，图片的四周会出现 8 个控制点，将鼠标指针指向图片四周的任何一个控制点上鼠标指针将变成双向箭头，按住鼠标左键，拖动图片四周的控制点，拖动到合适的位置后释放鼠标，这时可以对图片的大小进行调整。为了保证图片成比例地进行缩放，选择的控制点通常是角上的四个控制点，这样图片不会变形，如图 3-19 所示。

图 3-19   使用控制点调整图片大小

将鼠标指针移动到图片上，当鼠标指针变成十字箭头时，按住鼠标左键将图片拖动至新位置，然后释放鼠标左键即可将图片进行移动，如图 3-20 所示。

图 3-20   移动图片

 小秘密

图片在幻灯片中不仅可以进行放大、缩小、移动，还可以旋转。将鼠标指针指向图片顶端的绿色控制点，会出现一个旋转标记，按住鼠标左键，向所需要的方向拖动该旋转控制点，此时图片上出现另外一个相同的半透明图片，如图 3-21 所示。拖动图片将其旋转至合适的位置后，释放鼠标左键。

图 3-21   旋转图片

使用选项卡中的工具对图片进行大小的调整的方法比较精确，但不常用。单击选中图片，在"图片工具-格式"选项卡的"大小"组中设置"形状高度"为"3 厘米"，设置"形状宽度"为"4.5 厘米"，如图 3-22 所示。设置完成后按 Enter 键，幻灯片中的图片大小即可改变。

　　如果图片中有些内容是用户不需要的，用户可以通过裁剪工具将不需要的部分裁剪掉。

　　在"大小"组中单击"裁剪"按钮，图片周围的控制点变成黑色粗线条形状的裁剪控制点，将鼠标指向图片上边框的控制点，按住鼠标左键向图片中心拖动，图片上会出现一个半透明边框，显示裁剪后剩下的部分，如图 3-23 所示。将鼠标拖动到合适的位置，释放鼠标左键可以看到透明框外的图片部分已被裁剪掉。

图 3-22　设置图片大小

图 3-23　裁剪图片

　　单击"大小"组中的对话框启动器，系统会打开"大小和位置"对话框，在此对话框中选择"位置"选项卡，如图 3-24 所示。在"水平"和"垂直"文本框中显示出所选图片的当前位置，"自"文本框中的"左上角"选项是系统默认的，表明现在图片相对于左上角的位置，通过改变"水平"和"垂直"文本框中的数据可以调整图片在幻灯片中的位置。

 小秘密

　　图片大小、旋转角度、裁剪等项目的调整可以在"大小和位置"对话框的"大小"选项卡中进行，如图 3-25 所示。

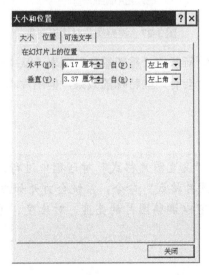

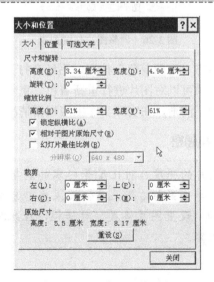

图 3-24　设置图片在幻灯片中的位置　　　　图 3-25　"大小"选项卡

4．调整图片

在幻灯片中插入图片后，常常需要对图片进行调整，使图片更加美观和适合演示文稿的需要。调整图片的操作包括调整图片的亮度和对比度、设置透明色来适应幻灯片背景及压缩图片等。

（1）调整图片的亮度和对比度

图片的亮度和对比度的调整可以使与幻灯片整体效果反差很大的图片与幻灯片的整体效果更加协调。

选中图片，单击"图片工具-格式"选项卡"调整"组中的"亮度"按钮，在打开的列表中选择相应的百分比选项，如图 3-26 所示，即可调整图片的亮度。百分比为正表明亮度增加，百分比为负表明亮度减小。

选中图片，单击"图片工具-格式"选项卡"调整"组中的"对比度"按钮，在打开的列表中选择相应的百分比选项，如图 3-27 所示，即可调整图片的对比度。百分比为正表明对比度增加，百分比为负表明对比度减小。

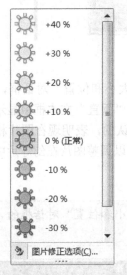

图 3-26　调整图片亮度列表

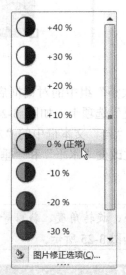

图 3-27　调整图片对比度列表

单击"重新着色"按钮，系统会打开如图 3-28 所示的"重新着色"列表，从中选择合适的选项可以对图片进行重新着色。重新着色的图片会有一些特殊的效果，但图片本身可能会变得不清晰，在实际工作中应根据情况使用。

 小秘密

　　图片的亮度、对比度等内容的调整也可以在"设置图片格式"对话框中进行。选中图片，单击鼠标右键，在快捷菜单中选择"设置图片格式"命令，系统会打开如图 3-29 所示的"设置图片格式"对话框，在此对话框中可以调整图片的亮度、对比度、重新着色等内容。

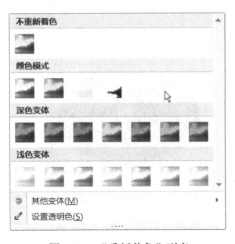

图 3-28　"重新着色"列表

图 3-29　"设置图片格式"对话框

（2）压缩图片

通过将文件压缩为容量较小的 JPG 格式，可以同时更改文件大小和图片尺寸。在 PowerPoint 2007 中会将用户指定的图片自动确定压缩量，图片纵横比将始终保持不变。如果图片已经比选择的压缩选项对应的压缩结果小，则不会调整尺寸或进行压缩。

选中图片，单击"调整"组中的"压缩图片"按钮 　压缩图片，系统会打开如图 3-30 所示的"压缩图片"对话框。勾选"仅应用于所选图片"复选框，单击"选项"按钮，打开如图 3-31 所示的"压缩设置"对话框，在"压缩选项"选项区中勾选"保存时自动执行基本压缩"和"删除图片的剪裁区域"两个复选框，在"目标输出"选项区中选中相应的单选按钮，单击"确定"按钮，完成压缩图片的操作。

图 3-30　"压缩图片"对话框

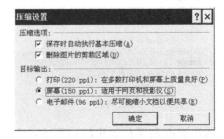

图 3-31　"压缩设置"对话框

5．设置图片样式

在 PowerPoint 2007 中有快速样式库，用户可以在其中快速为图片设置样式。如果用户想自定义设置图片的样式，可以使用"图片形状"、"图片边框"等按钮完成。

在"图片样式"组中单击"图片样式"的"其他"按钮 　，打开如图 3-32 所示的快速样式库，选择需要的样式后，所选图片就会自动应用所选样式，如图 3-33 所示。

自定义图片样式是通过设置图片形状、图片边框和图片效果等内容达到设置图片样式的目的的。这三种设置方法可以组合使用，也可以单独使用，设置出的效果千变万化，读者可以根据自己的情况进行设置。基本设置方法如下：

图 3-32　快速样式库

图 3-33　应用样式后的图片

　　选中图片，单击"图片样式"组中的"图片形状"按钮，打开如图 3-34 所示的形状列表，从中选择合适的形状单击，图片就应用了所选形状，如图 3-35 所示。

图 3-34　形状列表

图 3-35　应用形状后的图片

　　图片边框和图片效果的设置方法与图片形状的设置基本相同，请读者自行尝试其设置方法。

6. 插入剪贴画

　　剪贴画是系统自带的一些图片，存放于系统特定的目录中，用户在使用时，系统通过"剪贴画"任务窗格将其搜索出来提供给用户。

　　在幻灯片中插入剪贴画通常是使用选项卡中的命令来完成的。切换到"插入"选项卡，单击"剪贴画"按钮，系统会打开"剪贴画"任务窗格，在"搜索范围"中勾选"所有收藏集位置"，如图 3-36 所示；在"结果类型"中勾选"剪贴画"和"照片"，如图 3-37 所示，单击"搜索"按钮，系统会在"剪贴画"窗格中显示搜索结果的预览图标。双击需要的图标即可以完成剪贴画的插入操作。

图 3-36　设置搜索范围

图 3-37　设置搜索结果

小秘密

　　用户若想对所选剪贴画的信息有进一步的了解，可以单击预览的剪贴画图标右侧的下拉按钮，在打开的菜单中选择"预览/属性"命令，系统即会给出所选剪贴画的基本信息，如图 3-38 所示。

图 3-38　剪贴画属性

3.1.4　基础实例

情景描述

　　南方天元公司是一家专业从事计算机网络产品销售、系统集成及软件研发为一体的高新技术企业。公司业务涉及教育、电力、政府、金融等诸多领域，受到用户的普遍好评，赢得了较高的信誉，取得了良好的社会效应及卓越的品牌影响力。公司将参加南方市场人才招聘会，准备使用电子屏幕向应聘者介绍公司的基本情况及需要招聘的岗位情况，以吸引应聘人员。电子演示文稿的效果如图 3-39 所示。

图 3-39   演示文稿示例

制作思路

由于这是招聘广告，主要需要发布公司的基本情况及需要招聘岗位的信息，所以考虑只制作几张幻灯片，幻灯片的内容为公司基本情况、招聘岗位情况、联系方式等。

启动 PowerPoint 2007→新建空白演示文稿→确定幻灯片内容（欢迎页、公司简介页、招聘岗位页以及联系方式页）→制作幻灯片→保存演示文稿。

操作过程

（1）选择"开始"→"所有程序"→"Microsoft Office"→"Microsoft Office PowerPoint 2007"命令启动 PowerPoint 2007，系统自动新建"演示文稿 1"文档。

（2）制作欢迎页，效果如图 3-40 所示。

① 删除"演示文稿 1"中的两个占位符，使其成为一个空白幻灯片。在幻灯片中单击鼠标右键，选择快捷菜单中的"设置背景格式"命令，打开"设置背景格式"对话框，在此对话框中选中"图片或纹理填充"单选按钮，再单击"文件"按钮，打开"插入图片"对话框，在此对话框中选择背景图片后，单击"插入"按钮返回"设置背景格式"对话框，单击"全部应用"按钮，再单击"关闭"按钮，完成背景图片的设置，如图 3-41 所示。

图 3-40   欢迎页

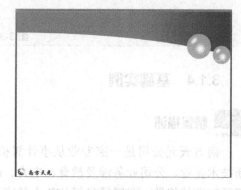

图 3-41   设置背景后的效果

② 在幻灯片中插入文本框，并在文本框中输入"天元科技期待您的加盟!"，设置字体为"华文新魏"、字号为"54"、颜色为"蓝色"，适当调整文本的位置，如图 3-42 所示。

③ 单击"插入"选项卡"插图"组中的"图片"按钮，打开"插入图片"对话框，在该对话框中选择需要插入的图片后，单击"插入"按钮，在幻灯片中插入一幅图片。重复同样的操作，在幻灯片中插入第二幅图片，如图 3-43 所示。

图 3-42　幻灯片中输入文本

图 3-43　幻灯片中插入图片

④ 对两幅图片进行适当的调整，并将其移动到设计好的位置，完成第一幅幻灯片的制作，效果如图 3-40 所示。

（3）制作公司简介页，效果如图 3-44 所示。

① 插入一张新的空白幻灯片，此时的空白幻灯片是一张有背景图片的幻灯片。

② 插入一个文本框，在文本框中输入"公司简介"文本，设置字体为"宋体"、字号为"44"、文本颜色为"白色"，并将该文本移动到左上角的位置。

③ 再插入一个文本框，在文本框中输入公司简介的文本，设置字体为"宋体"、字号为"24"，其中"天元科技"四个字为加粗、文本颜色为"白色"。将文本置于偏幻灯片右侧的位置；

④ 插入公司大楼的图片，并对图片的大小进行粗略的调整。双击图片，设置图片样式为"映像棱台，白色"，形成的效果如图 3-44 所示。

（4）制作招聘岗位页，效果如图 3-45 所示。

① 插入一张新的空白幻灯片。

② 幻灯片中的文本操作同公司简介页的操作。

图 3-44　公司简介页

图 3-45　招聘岗位页

③ 单击"开始"选项卡"绘图"组中的"形状"按钮，在"形状"列表中选择"圆角矩形"，在幻灯片中画出一个大小合适的圆角矩形。选中圆角矩形，单击鼠标右键，在快捷菜单中选择"编辑文字"命令，在圆角矩形中输入"区域经理"文本，设置文本字体为"华文新魏"、字号为"28"、文本加粗。选中圆角矩形，单击鼠标右键，在快捷菜单中选择"设置形状格式"命令，打开"设置形状格式"对话框，选择"渐变填充"，"预设颜色"为"薄雾浓云"，其他设置不变，如图 3-46 所示。

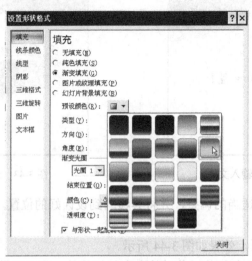

图 3-46　设置形状格式

④ 切换到"插入"选项卡，单击"剪贴画"按钮，系统会打开"剪贴画"任务窗格，在"搜索范围"中勾选"所有收藏集位置"，单击"搜索"按钮，在搜索出的剪贴画中选择合适的图片，双击图片将其插入幻灯片中。适当调整剪贴画的大小，将其移动到合适的位置。最终的效果如图 3-45 所示。

（5）制作第二张招聘岗位页。单击"幻灯片浏览"按钮，将幻灯片视图切换到浏览视图，选中招聘岗位幻灯片，单击"剪贴板"组中的"复制"按钮，光标定位于该幻灯片之后，单击"剪贴板"组中的"粘贴"按钮，将"招聘岗位"页复制一份，如图 3-47 所示。双击复制出的招聘岗位页，对幻灯片内容进行修改，完成第二张招聘页的制作。采用类似的操作完成其他幻灯片内容的制作后，保存演示文稿。

图 3-47　复制幻灯片

3.1.5 举一反三

1. 你们班的班委会将要改选，老师想让每一个同学都能有机会展示自己，特意在班级举办了一个班委竞选会，要求每一位同学都参加。请你为自己制作一个充满创意的展示自己的宣传片。

2. 5·12 汶川大地震中涌现出了很多可歌可泣的英雄人物，江苏黄埔再生资源公司董事长陈光标就是最典型的一个，请你收集陈光标及其公司的资料，制作一个宣传陈光标及其公司的宣传片。

3. 你所生活的家乡有着丰富的物产、美丽的景色、诱人的美食，请为你的家乡制作一个宣传片，向人们展示家乡之美。

3.1.6　技巧与总结

1. 提取 PowerPoint 文档中的图片

有的 PowerPoint 文档中包含大量的图片，如果要将这些图片全部提取出来，使用复制到图像编辑软件再保存的方法有些烦琐，可以按下述操作方法将全部图片快速提取出来。

单击"Office 按钮"，在打开的下拉菜单中选择"另存为"→"其他格式"命令，打开"另存为"对话框，在"保存类型"列表中选择"网页"类型，如图 3-48 所示，单击"保存"按钮将 PowerPoint 文档保存为网页文件。

图 3-48　保存为网页

这样，在文件保存的文件夹中就会有一个 PowerPoint 自动生成的名称为原文档标题.files 的文件夹，原文档中的所有图片已经自动按顺序命名，并保存在这个文件夹中，如图 3-49 所示。

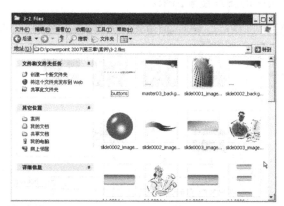

图 3-49　包含图片的文件夹

2. 剪辑管理器

PowerPoint 2007 剪辑管理器将媒体剪辑分为 4 种收藏集：我的收藏集、Office 收藏集、共享收藏集和 Web 收藏集。前两种始终出现在收藏集列表中，后两种只在特定的情况下出现。用户可以根据自己计算机存储文件的情况新建收藏集。

单击"插入"选项卡下的"插图"组中的"剪贴画"按钮，打开"剪贴画"任务窗格，单击窗格底部的"管理剪辑"选项，打开如图 3-50 所示的"Microsoft 剪辑管理器"窗口。

在"Microsoft 剪辑管理器"窗口中打开"文件"菜单，执行其中的"新建收藏集"命令，打开如图 3-51 所示的"新建收藏集"对话框。在"名称"文本框中输入"我的图片"，在"选择放置收藏集的位置"列表框中选择新建收藏集要放置的位置，单击"确定"按钮后，新建的"我的图片"即添加到收藏集列表中。

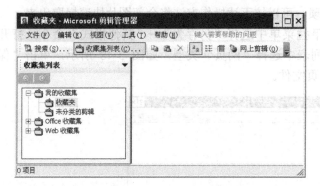

图 3-50　"Microsoft 剪辑管理器"窗口　　　　　　图 3-51　"新建收藏集"对话框

执行"文件"菜单下的"将剪辑添加到管理器"→"在我自己的目录"命令，打开"我的图片 - 将剪辑添加到管理器"对话框，如图 3-52 所示；在其中选择要添加的图片，然后单击"添加"按钮，所选图片即被添加到收藏集中。单击图片右侧的下三角按钮，在打开的菜单中单击"编辑关键词"命令，打开"关键词"对话框，如图 3-53 所示；在"关键词"文本框中输入要添加的关键词，单击"添加"按钮，此时，输入的关键词即被添加到"当前剪辑的关键词"列表框中。单击"应用"按钮，再单击"确定"按钮，完成设置。

在"剪贴画"窗格的"搜索文字"文本框中输入用户设置的关键词，单击"搜索"按钮，可以将添加到收藏集中的图片搜索出来。

图 3-52　"我的图片 - 将剪辑添加到管理器"对话框

图 3-53　编辑关键词

 总结

在幻灯片中添加精美的图片，可以更清楚地表达主题，丰富演示文稿的内容，使演示文稿显得更加美观。本节主要介绍了图片在幻灯片中的应用，包括图片的插入、图片作为幻灯片背景的使用、图片的编辑、幻灯片中剪贴画的使用等内容。读者掌握好图片在幻灯片中的合理应用，可以提高演示文稿的表达力与说服力。

3.2　人在旅途——相册功能的使用

PowerPoint 的相册功能主要是通过图片展示用户要表达的主题，用户可以在相册中使用丰富多彩的主题，在其中插入需要的元素，添加标题、调整顺序和版式，在图片的周围添加相框及自定义相册的外观，从而使相册更具美观性和观赏性。

3.2.1　作品展示

这是一个由 6 张幻灯片组成的演示文稿，如图 3-54 所示，使用了 PowerPoint 的相册功能，展示的是非洲大草原上生活的各种动物的情况与基本的动物生活常识。此类幻灯片适合于制作风景名胜、科普知识等宣传片。

图 3-54　演示文稿示例

3.2.2　操作方法

启动 PowerPoint 2007，此时的工作窗口可以有演示文稿，也可以没有演示文稿，如图 3-55 所示。

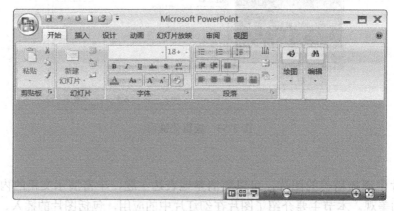

图 3-55　没有演示文稿的工作窗口

（1）单击"插入"选项卡"插图"组中的"相册"按钮，打开"相册"对话框，如图 3-56 所示。

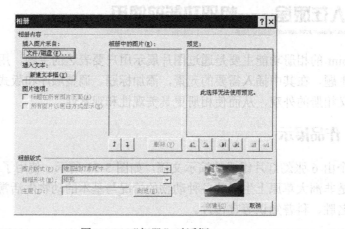

图 3-56　"相册"对话框

（2）单击"文件/磁盘"按钮，系统会打开"插入新图片"对话框，如图 3-57 所示。选中需要添加到相册中的图片后，单击"插入"按钮，返回"相册"对话框，可以看到已添加的图片，如图 3-58 所示。如果选择的是一个文件，就要再次单击"文件/磁盘"按钮继续添加其他图片。

（3）单击"相册版式"设置组中"图片版式"设置项的下三角，打开列表，从中选择"2 张图片"项后，单击"创建"按钮，即可创建一个标题为"相册"的演示文稿，如图 3-59 所示。

（4）打开第一张幻灯片，删除幻灯片中的两个占位符。单击"插入"选项卡"文本"组中的"艺术字"按钮，打开艺术字样式列表，在该列表中选择第 6 行第 2 列的样式，在幻灯片编辑窗口中会出现应用了此样式的占位符并提示用户在占位符中输入自己的内容。在占位符中输入"非洲之旅"，设置字体为"微软雅黑"、字号为"88"，适当调整字符的间距。用同样的方法在"非洲之旅"4 个字的下方完成"2007 年 8 月"艺术字的制作，最终的效果如图 3-60 所示。

图 3-57　"插入新图片"对话框

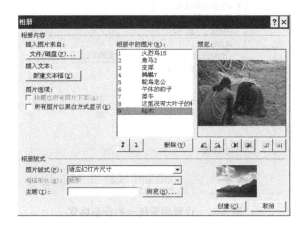

图 3-58　插入图片后的"相册"对话框

图 3-59　新建的相册

图 3-60   艺术字标题

（5）在第一张幻灯片中单击鼠标右键，选择快捷菜单中的"设置背景格式"命令，在打开的"设置背景格式"对话框中设置使用图片作为背景，背景透明度为"50%"，所有幻灯片全部应用，如图 3-61 所示。

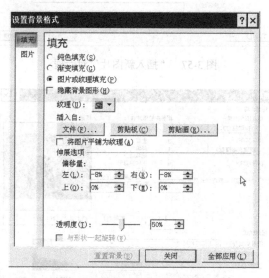

图 3-61   设置相册统一的背景格式

（6）切换到第二张幻灯片，调整幻灯片中图片的位置，插入一个横排文本框和一个竖排文本框，在文本框中输入与图片相对应的文字说明，并设置文字的基本格式，完成第二张幻灯片的制作，效果如图 3-62 所示。

图 3-62   第二张幻灯片的效果

（7）采用与第二张幻灯片相同的操作方法完成其他幻灯片的制作，保存演示文稿，最终的效果如图 3-54 所示。

3.2.3 技术点睛

1．插入艺术字

艺术字是文字的造型师，不管文字是何种字体，艺术字都可以将文字图形化，即由各种图库、造型的设计来美化文字。艺术字是使用现成的效果创建的文本对象，使用艺术字可以给文字加上弧形或圆形等特殊效果，从而产生生动的文字效果。

单击"插入"选项卡"文本"组中的"艺术字"按钮，打开艺术字库列表，从中选择需要的艺术字的样式，在打开的"请在此键入您自己的内容"文本框中输入文本内容，就可以在幻灯片中插入艺术字。

2．设置艺术字

插入幻灯片中的艺术字是使用了艺术字库中的统一样式，双击艺术字可以调出"绘图工具 - 格式"选项卡，用户可以使用"绘图工具 - 格式"选项卡"艺术字样式"组中的效果对艺术字进行设置。

单击"文本效果"按钮，打开"文本效果"下拉列表，如图 3-63 所示。下拉列表中有 6 个设置项，每个设置项中都有多种效果可供用户选择，设置方法比较简单，用户可自行练习。图 3-64 所示为设置了转换效果的艺术字。

图 3-63　"文本效果"下拉列表　　　　　图 3-64　设置效果后的艺术字

 小秘密

在 Word 中制作的艺术字可以复制到 PowerPoint 中使用。

3．相册中图片顺序的调整

相册中图片的顺序决定了幻灯片中图片出现的顺序，可以在向相册中添加图片时根据自己的设计按顺序添加，也可以在生成幻灯片后，通过对图片进行剪切、粘贴等操作完成图片顺序的调整，还可以在相册对话框中进行调整。

在添加完图片的"相册"对话框中的"相册中的图片"列表中选中需要调整顺序的图

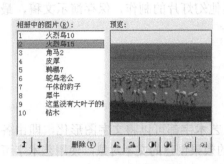

图 3-65 调整相册图片顺序

片名，如图 3-65 所示，单击向上按钮 ⬆ 或向下按钮 ⬇，选中图片的顺序就会根据需要进行调整。

4．更改图片外观

如果用户想更改图片的外观，可以使用前面学过的方法来对图片进行编辑，也可以在"编辑相册"对话框中进行设置。

在"插入"选项卡的"插图"组中单击"相册"按钮，在打开的列表中选择"编辑相册"选项，系统会打开如图 3-66 所示的"编辑相册"对话框。

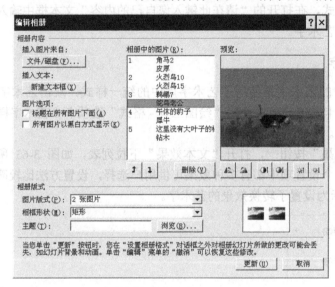

图 3-66 "编辑相册"对话框

（1）以黑白方式显示相册中的所有图片

在"编辑相册"对话框的"图片选项"选项区中勾选"所有图片以黑白方式显示"复选框，如图 3-67 所示，相册中所有的图片均会以黑白图片出现在幻灯片中。

（2）调整图片

如果需要旋转图片，提高或降低图片的亮度或对比度，可在"相册中的图片"列表框中选择要进行设置的图片，然后单击预览框下相应的按钮进行操作，如图 3-68 所示。

图 3-67 设置图片黑白方式   图 3-68 调整图片

（3）为图片添加相框

在"相册版式"选项区的"相框形状"下拉列表中，可以选择适合相册中所有图片的相框形状，如图 3-69 所示。

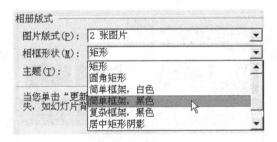

图 3-69 设置相框

（4）为相册选择主题

单击"相册版式"选项区"主题"文本框右边的"浏览"按钮，打开如图 3-70 所示的"选择主题"对话框，在该对话框中找到要使用的主题，单击"选择"按钮，设置完成后单击"编辑相册"对话框中的"更新"按钮返回演示文稿。

图 3-70 选择图片主题

3.2.4 基础实例

 **情景描述**

2008 年 5 月 12 日，我国的四川省发生了 8 级大地震，给四川人民带来了巨大的灾难，也给四川的旅游业带来了毁灭性的打击，美丽四川的很多地方成了一片废墟。在全国人民的共同努力下，短短几个月的时间，灾区人民恢复了生产，很多的景区恢复了对外开放。时值暑期旅游旺季到来，好地旅行社业务经理制作了一个简短的四川旅游宣传片向广大客户宣传四川之美，以支援四川的灾后重建，效果如图 3-71 所示。

 制作思路

由于这是景点宣传片，主要发布景点的一些引人之处，但又是一个特殊的宣传片，需要吸引游人到灾区去旅游，以帮助灾区人民恢复生产，是另一种支持灾区的手段。所以在制作宣传片时使用了地震时的照片，以激发人们的爱国热情，达到支持灾区的目的。

图 3-71　演示文稿示例

操作过程

（1）选择"开始"→"所有程序"→"Microsoft Office"→"Microsoft Office PowerPoint 2007"命令启动 PowerPoint 2007，系统会自动新建"演示文稿 1"文档。

（2）单击"插入"选项卡"插图"组中的"相册"按钮，打开"相册"对话框，单击"文件/磁盘"按钮，系统会打开"插入新图片"对话框，如图 3-72 所示。在该对话框中选中所有需要添加到相册中的图片，单击"插入"按钮，返回"相册"对话框中，可以看到已添加的图片，如图 3-73 所示。

图 3-72　"插入新图片"对话框

（3）选中需要调整位置的图片"地震 1"，单击上移按钮，将其调整到图片位置的第 1 位，如图 3-74 所示。

（4）单击"相册版式"设置组中"图片版式"设置项的下三角，打开列表，从中选择"2 张图片"项后，在"相框形状"设置项中选择"柔化边缘矩形"，单击"创建"按钮，即可创建一个标题为"相册"的演示文稿，如图 3-75 所示。

（5）在第一张幻灯片中单击鼠标右键，选择快捷菜单中的"设置背景格式"命令，在打开的"设置背景格式"对话框中，设置使用"四川背景 1"图片作为背景，背景透明度为"80%"，单击"全部应用"按钮，使所有幻灯片使用相同的背景图片。

图 3-73　添加到相册中的图片　　　　　　　图 3-74　调整图片位置

图 3-75　新建的相册

（6）在第一张幻灯片中再次单击鼠标右键，选择快捷菜单中的"设置背景格式"命令，在打开的"设置背景格式"对话框中，设置使用"四川背景 2"图片作为背景，背景透明度为"15%"，单击"关闭"按钮，使该背景只使用于第一张幻灯片中，如图 3-76 所示。

图 3-76　设置背景后的幻灯片

（7）删除第一张幻灯片中的两个占位符。单击"插入"选项卡"文本"组中的"艺术字"按钮，打开艺术字样式列表，在该列表中选择第 6 行第 2 列的样式，在幻灯片编辑窗口中会出现应用了此样式的占位符并提示用户在占位符中输入自己的内容。在占位符中输入"四川雄起"，并设置字体为"华文琥珀"、字号为"80"。

（8）双击艺术字，在"绘图工具 - 格式"选项卡中单击"艺术字样式"组中的"文本效果"按钮，在打开的下拉菜单中选择"转换"列表中的"槽形"效果，如图 3-77 所示，设置完成后的艺术字效果如图 3-78 所示。

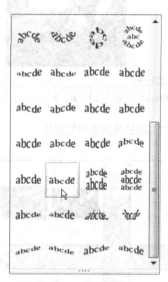

图 3-77　设置艺术字槽形效果

图 3-78　第一张幻灯片的效果

（9）切换到第二张幻灯片，对图片的位置进行适当的调整，在幻灯片中插入一个文本框，在文本框中输入有关四川地震的内容，设置文本的字体与字号等内容，完成第二张幻灯片的制作。

（10）切换到其他的幻灯片中，对图片的位置进行适当的调整，并为每一幅幻灯片制作艺术字的标题，制作完成后保存演示文稿，最终的效果如图 3-71 所示。

3.2.5　举一反三

1. 收集汶川地震的图片资料，制作一个宣传片，向世人说明此次地震的威力与造成灾害的后果。

2. 收集人民子弟兵与武警战士在汶川地震中抗震救灾的图片，制作一个宣传片，向世人展示人民子弟兵的风采。

3. 环境污染是关系到每一个公民切身利益的大事，但我们身边的很多人对此并没有足够的认识，请你收集有关环境污染给人们带来伤害的图片资料，制作一个环保宣传片，号召人们关爱生命、保护环境。

3.2.6　技巧与总结

1．添加标题

用户可以给相册添加标题，并且对相册中的每张图片输入用于描述的文本。

在"插入"选项卡的"插图"组中单击"相册"按钮，在打开的列表中单击"编辑相册"选项，系统会打开"编辑相册"对话框。在"相册版式"选项区的"图片版式"下拉列表中选择"2 张图片（带标题）"选项，单击"更新"按钮后，幻灯片的版式变为文本标题和两张幻灯片的版式，如图 3-79 所示。

图 3-79　添加标题

单击标题占位符，然后输入标题，其他幻灯片的操作同此。

2．删除图片

如果用户要删除相册中的图片，最好是在"编辑相册"对话框中进行操作，这样相册中的图片会自动调整顺序，对相册进行更新时不会出现差错。

在"插入"选项卡的"插图"组中单击"相册"按钮，在打开的列表中单击"编辑相册"选项，系统会打开"编辑相册"对话框。在"编辑相册"对话框的"相册中的图片"列表框中单击要删除的图片，然后单击列表框下方的"删除"按钮，即可将所选图片从"相册中的图片"列表框中删除，单击"更新"按钮后，所选图片即可从相册中删除。

如果用户是在幻灯片编辑模式下，选中图片，然后单击 Delete 键删除图片，可以将图片从幻灯片中删除，播放时也没有什么影响。但是一旦对相册进行更新，原图片所在位置将会出现一个文本框的提示，如图 3-80 所示。

如果用户在编辑模式下，在幻灯片中通过插入图片的方式给相册中插入图片，即使对幻灯片做了保存操作，一旦对相册进行更新，插入的图片也会被清除。

图 3-80　编辑模式下删除图片的结果

 总结

艺术字是演示文稿的一种点缀，是一种装饰文字，一般情况下不宜大量使用。PowerPoint 中内置了很多种艺术字样式，可供用户选择。相册作为处理大量图片的一种工具使用起来非常方便，它还具有一些简单的图片处理能力，给用户处理图片提供了便利，内置的一些基本样式也给用户的使用带来了便捷。相册的功能，主要用于幻灯片中需要展示比较多图片的情况，如果图片量不多或幻灯片不是以图片为主的，使用相册就不是很方便。

第4章 表格与图表

内容导读

表格具有条理清晰、对比强烈等特点；图表是一种图形化的表格，使用图表可以更加直观地分析数据变化。在幻灯片中使用表格和图表可以使演示文稿的内容更加清晰明了，从而达到更好的演示效果。本章将介绍 PowerPoint 2007 中表格与图表的操作。

4.1 使用表格创建销售情况表

表格是由单元格组成的，在每一个单元格中都可以输入文字或数据。在 PowerPoint 中使用表格通常是用来组织一组或多组类型相同的数据，以达到相互比对的效果。

4.1.1 作品展示

这是一个由 3 张幻灯片组成的演示文稿，展示一个企业各分公司一个季度的销售情况及各品牌的销售业绩情况，如图 4-1 所示。

图 4-1 演示文稿示例

此种类型的演示文稿幻灯片内容一般不多，在播放时通常以人工控制的方式进行，主要用于销售业绩汇报、财务报告等演示文稿，演示对象一般为专业销售人员、专业财务人员及店长、分公司经理等，幻灯片内容主要是相关数据。

4.1.2 操作方法

选择"开始"→"所有程序"→"Microsoft Office"→"Microsoft Office PowerPoint 2007"命令启动 PowerPoint 2007，此时系统自动创建"演示文稿 1"文档。

（1）在"单击此处添加标题"占位符中输入"飞宇数码二季度销售业绩表"文本，并设置其字体为"隶书"、字号为"60"，文本居中对齐，分两行排列。

（2）在"单击此处添加副标题"占位符中输入"李宇 二〇〇八年 6 月"文本，分两行排列，并设置其字体为"华文楷体"、字号为"40"。

（3）单击"设计"标签，切换到"设计"选项卡，单击"主题"组中的"其他"按钮，打开"主题"列表，如图 4-2 所示。

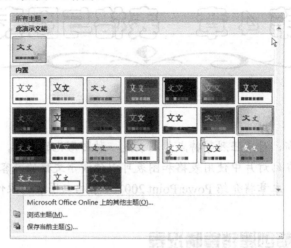

图 4-2　幻灯片主题列表

（4）在"主题"列表中的第 2 行第 7 列"龙腾四海"的主题上单击，将此主题应用于幻灯片。此时输入文本的位置会出现调整，将文本的位置重新调整到合适的位置处，效果如图 4-3 所示。

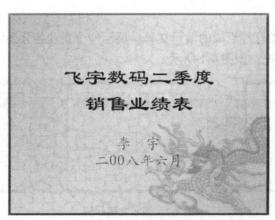

图 4-3　应用主题后的幻灯片

（5）单击"开始"标签，切换到"开始"选项卡，单击"幻灯片"组中的"新建幻灯片"按钮，打开"龙腾四海"主题幻灯片版式列表，如图 4-4 所示。从中选择"空白"版式，在演示文稿中添加一张空白幻灯片。

（6）单击"插入"标签，切换到"插入"选项卡，单击"表格"组中的"表格"按钮，打开"插入表格"列表，在幻灯片中插入一个 4×4 表格，如图 4-5 所示。

（7）单击"表格工具 - 设置"选项卡"表格样式"组中的"其他"按钮，打开"表格样式"列表，如图 4-6 所示。在"表格样式"中选择"深"列表中的"深色样式 2 - 强调 5/强调 6"样式应用于表格。

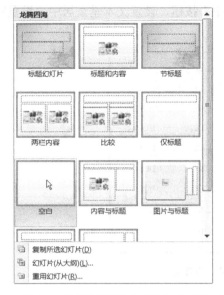

图 4-4　"龙腾四海"主题幻灯片版式　　　　　　　图 4-5　插入表格

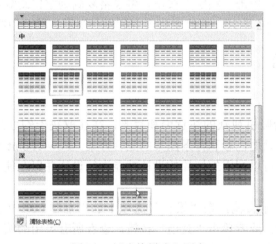

图 4-6　"表格样式"列表

（8）单击"表格工具 - 布局"标签，切换到"表格工具 - 布局"选项卡。选中表格第一行，单击"合并"组中的"合并单元格"按钮，将表格的第一行合并为一个单元格。在此单元格中输入"飞宇数码分公司销售情况表"等文本，并设置文本的字体、字号等，效果如图 4-7 所示。

图 4-7　表格头的效果

（9）将光标定位于表格的最后一行，单击"表格工具 - 布局"标签，切换到"表格工具 - 布局"选项卡。单击"行和列"组中的"在下方插入"按钮，在表格的下方插入 4 行。在表格中输入需要的文本与数据，并分别设置字体、字号等内容。选中除第一行外的所有表格中的内容，单击"对齐方式"组中的"垂直居中"按钮，设置文本垂直居中，设置完成后的效果如图 4-8 所示。

飞宇数码分公司销售情况表			
			(单位：万元)
分公司	销售收入	利润	人均利润
上海分公司	2128	312	10.4
武汉分公司	1968	268	13.4
北京办事处	2006	286	14.3
合肥分公司	1500	130	13
深圳办事处	2986	200	20
南京分公司	2016	240	12

图 4-8 表格完成后的效果

（10）选中制作完成的表格，单击"复制"按钮将表格复制到剪贴板中。在演示文稿中再插入一张空白幻灯片，单击"粘贴"按钮，将表格复制到空白幻灯片中，并将此表格的样式设置为"中度样式 1 - 强调 3"。修改表格内容后保存演示文稿，最终效果如图 4-1 所示。

4.1.3 技术点睛

1．主题

一张演示文稿能否吸引观众的注意力和目光，往往取决于幻灯片的画面色彩和背景图案，主题就是这样一种画面色彩和背景图案的配套方案。PowerPoint 系统内置了一些方案，称为内置主题，用户也可以利用幻灯片的设计功能进行设计并保存使用，称为自定义主题。

1）内置主题

打开或新建一个演示文稿，在"设计"选项卡的"主题"组中单击想要使用的演示文稿主题，如图 4-9 所示；或者单击"其他"按钮，查看所有可用的演示文稿主题，并从中选择合适的主题，单击鼠标左键，该主题就可以应用于幻灯片。

图 4-9 "主题"设置组

内置的主题并不是不能改变，用户也可以根据需要对内置主题的颜色、字体和效果进行修改，以适合自己的需要。

（1）更改内置主题的颜色

在"主题"组中，单击"颜色"按钮，打开如图 4-10 所示的颜色列表，从中选择要应用的颜色系列，应用到幻灯片中，主题颜色就会发生改变。

（2）更改内置主题的字体

用户也可以根据内置主题字体系列，来更改主题的字体搭配。在"主题"组中单击

"字体"按钮,打开如图 4-11 所示的字体列表,从中选择要应用的字体系列。

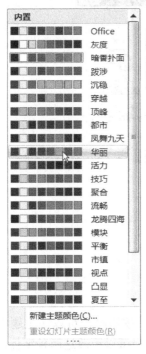

图 4-10 颜色列表

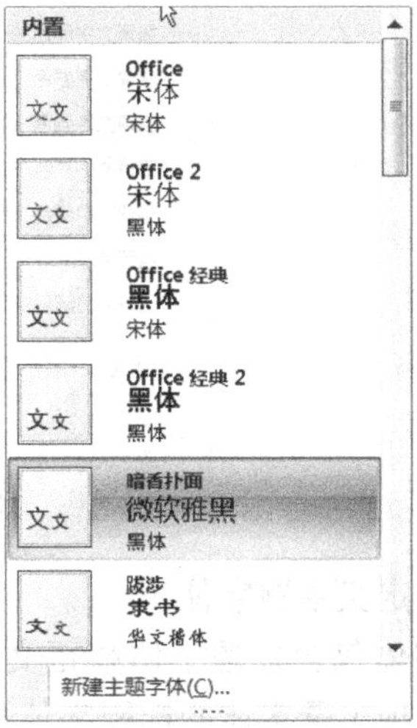

图 4-11 字体列表

(3)更改内置主题的效果

主题的效果不能自定义创建,只能使用系统提供的 24 种效果。单击"主题"组中的"效果"按钮,可以打开"效果"列表,如图 4-12 所示,从中选择需要的效果单击,即可更改所选主题的效果。

2)自定义主题

要自定义演示文稿主题,用户可以从更改已使用的颜色、字体等开始。如果要将这些更改应用到新的演示文稿,可以将其保存为自定义演示文稿主题。

(1)自定义主题颜色

在"设计"选项卡的"主题"组中单击"颜色"按钮,在打开的列表中单击"新建主题颜色"选项,打开 "新建主题颜色"对话框,在"主题颜色"选项区下单击要更改的主题颜色元素对应的按钮,在打开的列表中选择要使用的颜色,如图 4-13

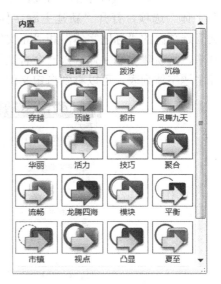

图 4-12 主题效果列表

所示。将所有的主题颜色设置完成后,在"名称"文本框中为新的主题输入一个合适的名称,单击"保存"按钮,返回演示文稿中,再次打开主题颜色列表,可以看到自定义的主题颜色已经添加到其中。

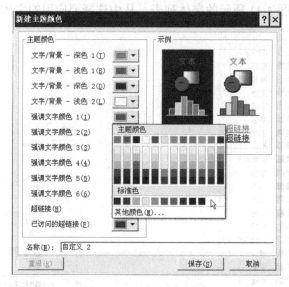

图 4-13 自定义主题颜色

（2）自定义主题字体

主题字体包含标题字体和正文字体。在单击"字体"按钮时，可以在主题字体列表中看到用于每种主题字体的标题字体和正文字体的名称。用户可以更改这两种字体，从而创建自定义的一组主题字体。

在"设计"选项卡的"主题"组中单击"字体"按钮，在打开的列表中单击"新建主题字体"选项，打开"新建主题字体"对话框，如图 4-14 所示。分别在"西文"和"中文"选项区的"标题字体"和"正文字体"下拉列表中选择要使用的字体，在"名称"文本框中，为新建主题字体输入一个合适的名称，单击"保存"按钮，返回演示文稿中。再次打开主题字体列表，可以看到自定义的主题字体已经添加到列表中。

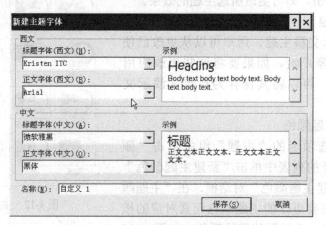

图 4-14 "新建主题字体"对话框

（3）保存和删除自定义主题

当用户自定义演示文稿主题并将其保存后，该主题会保存到"演示文稿主题"文件夹中，并自动添加到自定义主题列表中。当从"演示文稿主题"文件夹中删除该演示文稿主题时，该主题也将自动从自定义主题列表中消失。

在"设计"选项卡的"主题"组中单击"其他"按钮，在打开的主题库中单击"保存当前主题"选项，打开"保存当前主题"对话框，如图 4-15 所示。在"文件名"文本框中为主题输入一个合适的名称，其余可以保持默认设置，单击"保存"按钮，即可保存自定义主题。

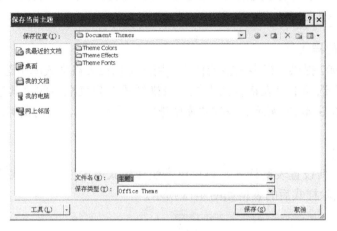

图 4-15　"保存当前主题"对话框

在主题库中的"自定义"选项区中右击要删除的主题，然后单击快捷菜单上的"删除"命令，可以将自定义主题从主题库中删除。

 小秘密

如果用户不希望内置主题显示在主题库中，可以将主题文件移动到另一个文件夹中。

2．表格

表格具有条理清楚、对比强烈等特点，在幻灯片中使用表格可以使演示文稿的内容更加清晰明了，能达到更好的演示效果。

1）插入表格

在幻灯片中插入表格的方法比较多，常用的是采用"插入"选项卡"表格"组中的命令来创建表格。

在"插入"选项卡中单击"表格"组中的"表格"按钮，在打开的列表中有一个示意表格，拖动鼠标可以选择表格的行数和列数。选择好表格的行数和列数后，释放鼠标左键，即可在幻灯片中插入一个表格。

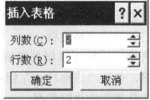

通过列表中的"插入表格"和"绘制表格"命令，也可以在幻灯片中插入表格。单击"表格"组中的"表格"按钮，在列表中选择"插入表格"，打开如图 4-16 所示的"插入表格"对话框，在该对话框中输入表格的行数与列数，单击"确定"按钮完成表格的插入。

图 4-16　"插入表格"对话框

插入的表格自动应用了样式，该样式是系统根据当前幻灯片主题自动设置的。如果在该表格中输入文本，字体颜色也是系统根据当前幻灯片的主题自动设置的。当然，用户可以根据自己的需要进行修改。

2）设置表格的样式

PowerPoint 2007 提供了很多表格的样式，用户可以在表格样式库中选择表格的样式。

单击"设计"选项卡"表格样式"组"表格样式"列表框中的"其他"按钮，打开表格快速样式库，如图 4-17 所示。在样式库中选择合适的样式，单击鼠标即可完成表格样式的设置。

（1）清除样式

如果用户想重新设置表格样式，可以单击快速样式库中的"清除表格"选项，将表格的样式清除掉，清除样式后的表格如图 4-18 所示。

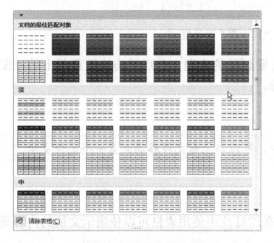

图 4-17 表格快速样式库   图 4-18 清除样式后的表格

清除掉表格样式后，用户可以根据自己的要求重新对表格的边框、底纹等项目进行设置。

（2）设置表格或单元格底纹

选中要设置底纹的一个或多个单元格，单击"表格样式"组中的"底纹"按钮，打开"主题颜色"列表，如图 4-19 所示。在此列表中的"主题颜色"或"标准色"中选择合适的颜色。用户也可以单击"其他填充颜色"设置项，打开"颜色"对话框，如图 4-20 所示，在此对话框中用户可以自选调配颜色，也可以在色板中进行选择。

（3）设置表格边框

表格的边框可以根据需要设置为有边框、无边框或部分有边框。选中表格或表格中的单元格，单击"表格样式"组中的"所有框线"按钮⊞，打开框线列表，如图 4-21 所示，从中选择需要的边框类型。

在"绘图边框"组中，还可以设置表格框线的粗细、边框线的类型和边框线的颜色，请读者自行练习使用。

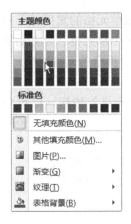

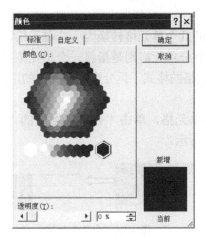

图 4-19 "主题颜色"列表 　　　 图 4-20 "颜色"对话框 　　　 图 4-21 框线列表

3．表格布局

在幻灯片中创建并设置好表格后，用户还可以根据需要对表格进行调整和设置，如调整单元格的大小、表格中文字的对齐方式等。

1）插入或删除行或列

在编辑表格的过程中，经常会遇到表格的行或列数不够或某行或列已经无用的情况，此时需要在表格中插入或删除行或列。

（1）插入行

将光标定位于表格需要插入行的位置，单击"表格工具 - 布局"选项卡，在"行和列"组中单击"在上方插入"按钮或"在下方插入"按钮，可以完成表格中行的插入，如图 4-22 所示。新插入行的格式与光标所在行的格式相同。

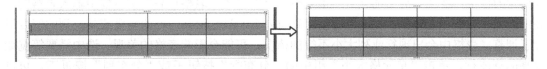

图 4-22 插入行

（2）插入列

将光标定位于表格需要插入列的位置，单击"表格工具 - 布局"选项卡，在"行和列"组中单击"在左侧插入"按钮或"在右侧插入"按钮，可以完成表格中列的插入，如图 4-23 所示。新插入列的格式与光标所在列的格式相同。

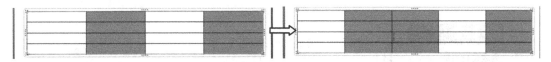

图 4-23 插入列

删除行或列的操作是将光标定位于需要删除的行或列中，单击"行和列"组中的"删除"按钮，在列表中选择删除行或删除列即可。

2）合并或拆分单元格

合并单元格是指将相邻的几个单元格转换为一个单元格，合并后单元格的宽度等于被合并几个单元格的宽度之和；拆分单元格则是指将一个单元格拆分成多个单元格。合并后的单元格的格式是所选第一个单元格的格式，拆分后的单元格的格式为原被拆分单元格的格式。

（1）合并单元格

选中表格中需要合并的单元格，单击"合并"组中的"合并单元格"按钮，即可完成单元格合并工作，如图 4-24 所示。

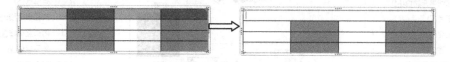

图 4-24　合并单元格

（2）拆分单元格

如果用户想拆分单元格，则要将光标定位于要拆分的单元格，单击"合并"组中的"拆分单元格"按钮，打开"拆分单元格"对话框，如图 4-25 所示。用户可以在此对话框中设置要拆分的行数和列数，单击"确定"按钮即可。

3）调整表格尺寸

在设置表格的过程中，有时用户还需要重新调整表格的列宽与行高，对整个表格的尺寸进行调整。

对表格和行、列的宽度或高度的调整，实际工作中常用的方法是使用鼠标进行拖动。将鼠标光标放置于表格的四个角上，鼠标变成 45° 双箭头↗时，按下鼠标左键进行拖动，可以调整表格的大小。调整表格中行的高度或列的宽度是将鼠标放置于表格行或列的边线上，当鼠标变成╪时，拖动鼠标可以调整行高或列宽。

精确调整行高与列宽的方法是使用布局选项卡中的命令。将光标放置于需要调整行高或列宽的行中，在"布局"选项卡"单元格大小"组的"表格行高"文本框中输入表格的行高或列宽，如图 4-26 所示。这样调整行高与列宽，只是对某一行的高度或某一列的宽度进行了调整，表格中会出现行或列大小不等的情况，可能会影响表格的美观。选中需要等宽或等高的列或行，单击"单元格大小"组中的"分布行"按钮╤或"分布列"按钮╫，可以使选中的行或列等高或等宽。

表格尺寸的调整是在"表格尺寸"组中进行设置的，如图 4-27 所示。将光标放置于表格的任意一个单元格中，单击"表格尺寸"按钮，打开表格尺寸设置栏目，在宽度或高度文本框中输入相应的数据，整个表格的尺寸即随之调整。

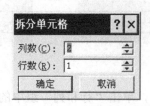   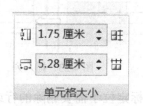   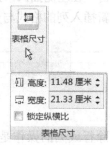

图 4-25　"拆分单元格"对话框　　　图 4-26　设置行高与列宽　　　图 4-27　调整表格尺寸

4）设置表格中文本的对齐方式

如果用户要使表格中的文本和表格搭配得更协调，还需要对表格中的文本进行调整。

（1）设置文本对齐方式

文本在表格中有 6 种对齐方式：左对齐、居中对齐、右对齐、顶端对齐、垂直居中和底端对齐。实际工作中使用较多的是垂直居中对齐方式。

将光标放置于需要设置对齐的单元格中，单击"对齐方式"组中相应的对齐方式按钮，即可完成文本对齐方式的设置。

（2）设置"自定义边距"

这里的边距是指单元格中的文本与本单元格边框之间的距离。系统默认的是上下边距为"0.13cm"、左右边距为"0.25cm"。单击"对齐方式"组中的"单元格边距"按钮，打开如图 4-28 所示的边距列表，在此列表中单击"自定义边距"选项，打开如图 4-29 所示的"单元格文字版式"对话框，在其中进行相应的设置，单击"预览"按钮可以查看设置的效果，单击"确定"按钮完成设置。

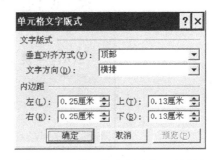

图 4-28　边距列表　　　　　　　图 4-29　"单元格文字版式"对话框

4.1.4　基础实例

 情景描述

某汽车集团在市场竞争日益激烈的情况下，产销保持一个良好的增长状态，在业界树立了良好的形象。集团内部将产销情况做了一个比较，在一定的范围内进行了宣传。宣传片的效果如图 4-30 所示。

图 4-30　演示文稿示例

制作思路

这是企业内部资料片，需要发布本企业的产销比对数据，以方便企业相关人员明确企业下一步的工作重点与努力方向。为了加强横向比较，宣传片中最好收集其他公司的一些产销数据，以方便本企业相关人员明确本企业的优势与劣势所在，更好地改进今后的工作。

操作过程

（1）选择"开始"→"所有程序"→"Microsoft Office"→"Microsoft Office PowerPoint 2007"命令启动 PowerPoint 2007，系统自动新建"演示文稿 1"文档。

（2）单击"设计"标签，切换到"设计"选项卡。单击"主题"组中的"其他"按钮，打开"所有主题"列表，单击"内置"主题第 3 行第 3 列主题，将该主题应用于演示文稿。在幻灯片的两个占位符中分别输入"天飞汽车"和"2007 年度产销情况汇报表"文本，文本采用默认字体，字号分别设置为"72"和"44"，适当调整两个占位符的位置，最终效果如图 4-31 所示。

图 4-31　幻灯片示例

（3）单击"开始"标签切换到"开始"选项卡，单击"幻灯片"组中的"新建幻灯片"按钮，在打开的列表中选择第 2 行第 3 列"仅标题"的版式，在演示文稿中插入一张新的幻灯片。

（4）在新幻灯片的"单击此处添加标题"占位符中输入"2007 年度产销情况对照表"文本，字体、字号均使用幻灯片主题默认类型，如图 4-32 所示。

图 4-32　幻灯片标题

（5）单击"插入"标签切换到"插入"选项卡，单击"表格"组中的"表格"按钮，在幻灯片中插入一个 5×5 的表格。单击"表格工具 - 设计"标签切换到"表格工具 - 设计"选项卡，单击"表格样式"组中的"其他"按钮，打开"表格样式"列表，单击此列表中的"清除表格"项，将表格的样式清除，如图 4-33 所示。

（6）在表格中输入相应的内容，如图 4-34 所示。选中表格，设置表格内文本的字体为“宋体”、字号为“24”。

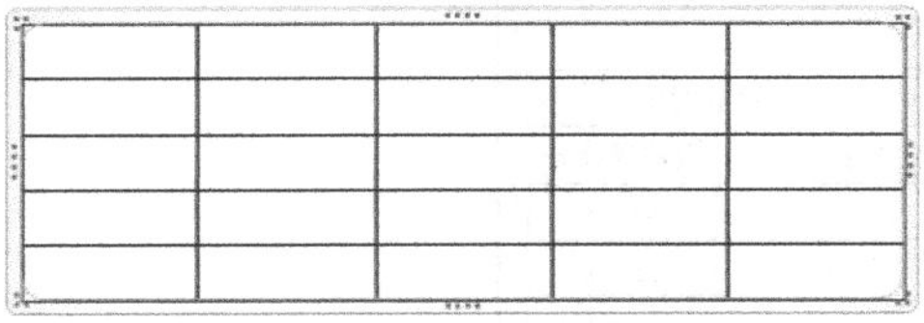

图 4-33　清除表格样式

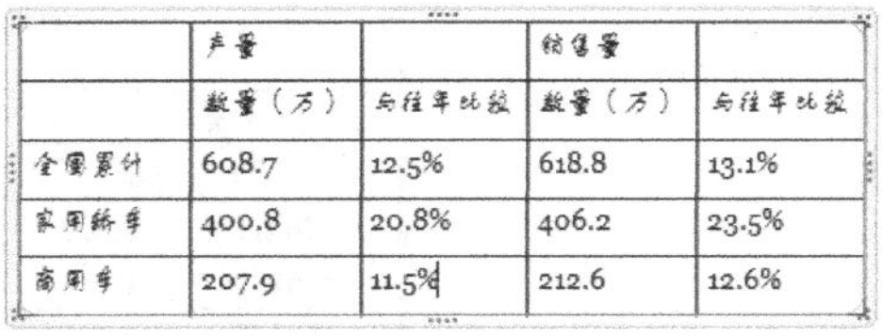

	产量		销售量	
	数量（万）	与往年比较	数量（万）	与往年比较
全国累计	608.7	12.5%	618.8	13.1%
家用轿车	400.8	20.8%	406.2	23.5%
商用车	207.9	11.5%	212.6	12.6%

图 4-34　输入数据

（7）单击“表格工具 - 布局”标签切换到“表格工具 - 布局”选项卡，选中需要合并的单元格，单击“合并”组中的“合并单元格”按钮，对单元格进行合并操作，合并完成后的效果如图 4-35 所示。

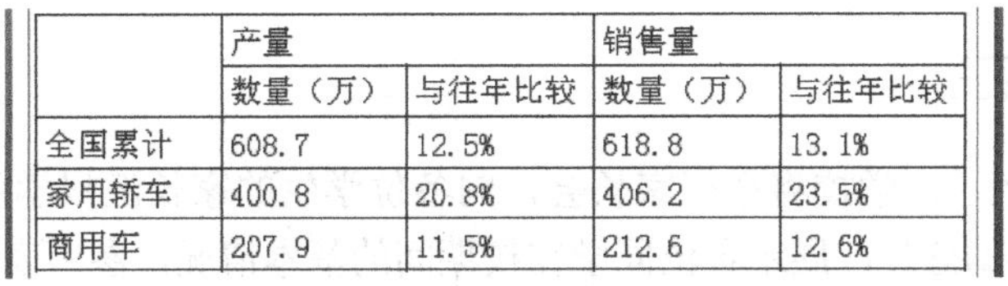

	产量		销售量	
	数量（万）	与往年比较	数量（万）	与往年比较
全国累计	608.7	12.5%	618.8	13.1%
家用轿车	400.8	20.8%	406.2	23.5%
商用车	207.9	11.5%	212.6	12.6%

图 4-35　合并单元格

（8）单击“表格尺寸”按钮，设置表格的高度为“7 厘米”、宽度为“24 厘米”。

（9）选中表格，单击“对齐方式”组中的“居中”和“垂直居中”对齐按钮，设置表格中文本的对齐方式。

（10）切换到“表格工具 - 设计”选项卡，单击“绘图边框”组中的“绘制表格”按钮，此时鼠标的形状变成一个铅笔的形状，在表格的第一个单元格中绘制一条斜线，如图 4-36 所示。在绘制斜线的单元格中分两行输入“类型”和“产销量”，并分别设置为左对齐和右对齐。

	产量		销售量	
	数量（万）	与往年比较	数量（万）	与往年比较

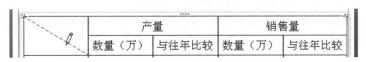

图 4-36　绘制表格

（11）在表格的最后一行下插入一行，并合并该行右侧的 4 个单元格，在该行的第一个单元格中输入“备注”文本，在右侧单元格中输入“所有数据由各分厂和经销商提供后汇总”。

（12）切换到“表格工具 - 设计”选项卡，单击“表格样式”组中的“底纹”按钮，在“主题颜色”设置项中选择表格的底纹为“白色，背景 1，深色 15%”，设置左侧第一列的底纹为“青色，强调文字颜色 3，淡色 80%”，设置完成后幻灯片的效果如图 4-37 所示。

（13）将第二张幻灯片复制粘贴生成第三张幻灯片，并对其中的内容进行修改后保存，完成演示文稿的制作。

图 4-37　幻灯片效果

4.1.5　举一反三

1. 期中考试结束了，学校将举行家长会，向各位学生的家长汇报学生在校学习成果。请你为你们班制作一个幻灯片，展示各位同学在校期间的基本情况，参考表格如表 4-1 所示。

表 4-1　在校情况汇报表

姓　名	文 化 成 绩			专 业 成 绩			在 校 表 现		

2. 你们学校举办了秋季运动会，为了让同学们及时、准确地了解运动会成绩，学校使用了电子公告栏，请你为电子公告栏制作成绩公告的幻灯片。

3. 流行乐坛风起云涌，每周歌曲排行榜都会发生变化，各家媒体公布的排行榜也略有差异，请你收集资料制作一个上一周歌曲排行榜的幻灯片。

4.1.6　技巧与总结

1. 插入 Excel 表格

Excel 表格具有较强的数据处理功能，可以给用户提供极大的方便。在 PowerPoint 的幻灯片中，也可以插入 Excel 电子表格。

在"插入"选项卡中单击"表格"组中的"表格"按钮，在打开的列表中单击"Excel 电子表格"命令，即可在幻灯片中插入一个 Excel 电子表格。双击表格，可以打开 Excel 2007 的功能区，对表格中的数据进行编辑，如图 4-38 所示。

2. 设置表格背景

表格创建编辑完成后，还可以自定义设置表格的背景，从而达到反衬表格的效果。

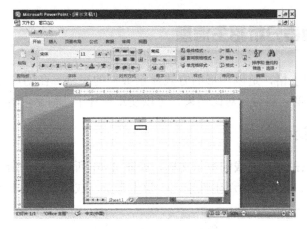

图 4-38　插入 Excel 表格

右击表格的边框，在打开的快捷菜单中选择"设置形状格式"命令，打开"设置形状格式"对话框。在"填充"界面中选中"图片或纹理填充"单选按钮，然后单击"文件"按钮，打开"插入图片"对话框，选择需要作为背景的图片，单击"插入"按钮。返回"设置形状格式"对话框中，勾选"将图片平铺为纹理"复选框，单击"关闭"按钮，此时即可返回幻灯片编辑窗口，将插入的图片作为背景的效果如图 4-39 所示。

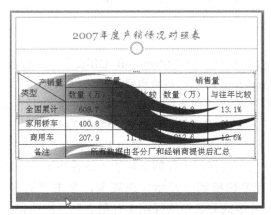

图 4-39　设置表格背景

 小秘密

　　设置表格背景时，一定要勾选"将图片平铺为纹理"复选框，否则所选图片将不能作为表格的背景，而是作为每个单元格的背景。
　　设置表格背景后，原先设置的单元格的背景色等会被背景覆盖掉，用户可以重新对单元格进行设置。

 总结

　　表格通常用来组织相同类型的数据，使用它可以使用户要表达的内容直接明了。本节主要介绍了表格的创建、表格的编辑、表格中文本的编辑，以及如何设计表格样式与布局等知识。在幻灯片中使用表格，可以使较多的文本内容显得清晰并有条理。

4.2 使用图表分析招生信息

图表是图形化的表格，是以图形的方式显示数据的表格，在幻灯片中使用图表可以更直观形象地反映数据变化趋势与对比结果，可以使幻灯片中的信息内容更加具有说服力。

4.2.1 作品展示

这是一个由 5 张幻灯片组成的演示文稿，如图 4-40 所示，是一所学校招办整理的学校新生入学的基本情况，内容包括新生性别比、学生来源、成绩分布及专业分布情况。

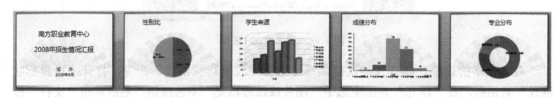

图 4-40 演示文稿示例

此种类型演示文稿的内容主要由图表组成，可以很直观地反映一些数据，可以用于制作客户满意度调查、产品市场占有率调查等实际工作。

4.2.2 操作方法

选择"开始"→"所有程序"→"Microsoft Office"→"Microsoft Office PowerPoint 2007"命令启动 PowerPoint 2007，此时系统自动创建"演示文稿 1"文档。

（1）在第一个占位符中输入"南方职业教育中心 2008 年招生情况汇报"，第二个占位符中输入"招办 2008 年 9 月"，设置第一个标题的字号为"48"。

（2）单击"设计"标签切换到"设计"选项卡，单击"主题"组中的"其他"按钮，打开"所有主题"列表，从中选择第 1 行第 2 列的"暗香扑面"主题应用于演示文稿。

（3）单击"开始"标签切换到"开始"选项卡，单击"幻灯片"组中的"新建幻灯片"按钮，在打开的幻灯片版式列表中选择第 1 行第 2 列"标题和内容"版式，在演示文稿中插入一张新幻灯片，如图 4-41 所示。

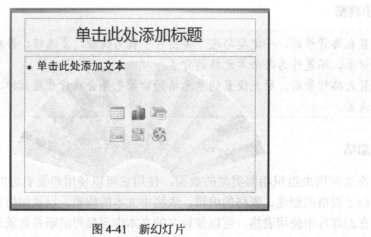

图 4-41 新幻灯片

（4）在该幻灯片中输入幻灯片标题"性别比"，设置字号为"44"。单击下部占位符中的"插入图表"按钮，打开如图 4-42 所示的"插入图表"对话框。

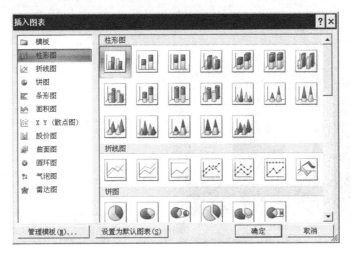

图 4-42　"插入图表"对话框

（5）选择"饼图"效果，单击"确定"按钮，打开如图 4-43 所示的 PowerPoint 和 Excel 两个编辑窗口。

图 4-43　图表编辑窗口

（6）在 Excel 编辑窗口中，将 A2 单元格中的文本修改为"总人数"、A3 单元格中的文本修改为"男生"、A4 单元格中的文本修改为"女生"；将 B2 单元格中的数据修改为"1524"、B3 单元格中的数据修改为"728"、B4 单元格中的数据修改为"796"；删除"第四季度"一行。此时，左侧 PowerPoint 窗口中的饼图随着数据的修改发生变化，如图 4-44 所示。

（7）删除图表中的"销售额"三个字，单击"图表工具 - 设计"标签，单击此选项卡中的"快速布局"按钮，打开如图 4-45 所示的"布局列表"，从中选择"布局 4"应用于幻灯片中的图表，完成幻灯片的制作，效果如图 4-46 所示。

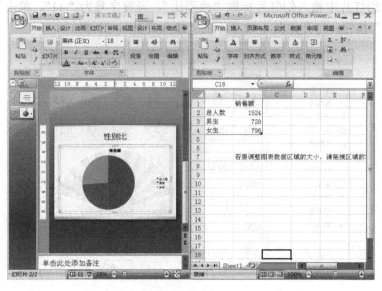

图 4-44　修改数据

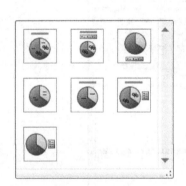

图 4-45　布局列表

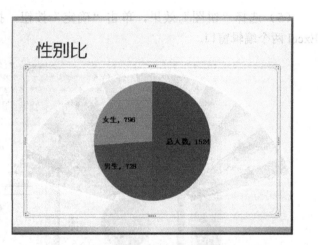

图 4-46　完成的幻灯片效果

（8）采用与第二张幻灯片相同的方法，完成其余幻灯片的制作，保存演示文稿。各幻灯片的效果如图 4-47 所示。

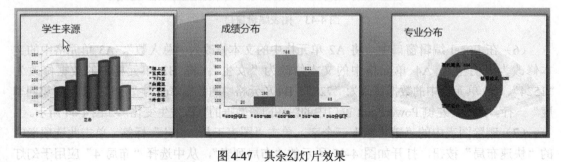

图 4-47　其余幻灯片效果

4.2.3 技术点睛

1. 图表的基本结构

PowerPoint 中的图表主要由图表区域、绘图区、数据系列、坐标轴、刻度线和刻度线标志、网络线和图例等几部分组成，如图 4-48 所示。

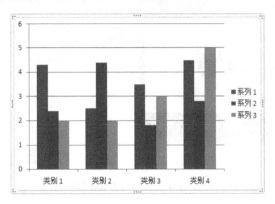

图 4-48 图表的基本结构

➢ 图表区域：整个图表及图表内的全部元素。
➢ 绘图区：在二维图表中，以坐标轴为边界并包含全部数据系列的区域；在三维图表中，绘图区以坐标轴为界并包含数据系列、分类名称、刻度线和坐标轴标题区域。
➢ 数据系列：图表中的一组数据，来源于工作表中的一行或一列。
➢ 坐标轴：出现在除了饼图外所有类型图表中的水平或垂直参考线。
➢ 图例：图表区域中的一个内含各个数据系列名的方框。

2. 图表的创建

可以使用占位符中的按钮或功能区的命令来创建图表，创建图表后会自动打开一个 Excel 工作表，该表的作用为输入和编辑数据，用户在数据表中的操作会直接反映在图表中。

单击"插入"标签切换到"插入"选项卡，单击"插图"组中的"图表"按钮，打开"插入图表"对话框，用户根据自己的需要从中选择要插入的图表类型，并从子图表类型列表框中选择合适的子图表，单击"确定"按钮后，系统会打开一个与幻灯片窗口等大的 Excel 工作表窗口，如图 4-49 所示。

用户可以在 Excel 窗口中输入与图表相关的数据，图表会随着数据的改变而改变，输入图表相关数据后，关闭工作表，返回演示文稿可以看到幻灯片中已经添加了图表。

3. 图表的设计

图表插入幻灯片中后，可能并不符合用户的要求，用户可以对其进行设计，如更改图表类型、编辑图表数据、设置图表样式和布局等，使其更适合演示文稿的主题。

1）应用快速样式和布局

（1）应用快速样式

单击"图表工具 - 设计"标签切换到"图表工具 - 设计"选项卡，单击"图表样式"组列表框旁的"其他"按钮，打开如图 4-50 所示的样式列表。

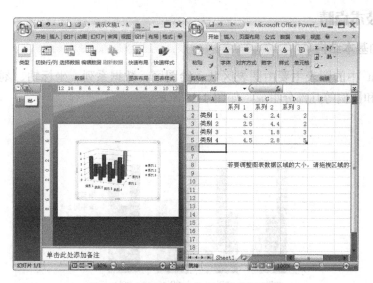

图 4-49　幻灯片窗口与 Excel 窗口并列

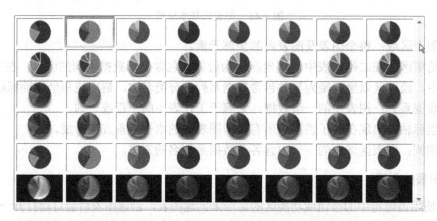

图 4-50　图表样式列表

从图表样式列表中选择合适的样式后单击鼠标左键，即可将该样式应用于图表。

（2）应用快速布局

单击"图表布局"组中的"快速布局"按钮，打开如图 4-51 所示的布局样式列表，如图 4-51 所示。从布局样式列表中选择合适的样式后单击鼠标左键，即可将该布局样式应用于幻灯片中的图表。

2）更改图表类型

对于多数的二维图表，可以通过更改整个图表类型从而改变整个图表的外观。

单击图表中的图表区以显示图表工具，单击"图表工具 - 设计"选项卡"类型"组中的"更改图表类型"按钮，打开"更改图表类型"对话框，如图 4-52 所示，从中选择合适的类型后，单击"确定"按钮完成图表类型的更改。

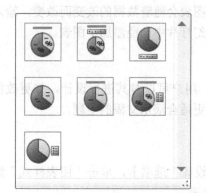

图 4-51　布局样式列表

图 4-52　"更改图表类型"对话框

 小秘密

如果在创建图表时经常使用特定的图表类型，则可以将该类型的图表设置为默认图表类型。在"更改图表类型"对话框中选择图表类型和图表子类型后，单击"设置为默认图表"按钮即可。

3）编辑图表中的数据

在演示文稿中创建图表后，如果用户想更改图表中的数据，可以编辑工作表中的数据将其更新，以使图表中的数据更加准确。

选中图表，单击"数据"组中的"编辑数据"按钮，系统会打开包含图表数据的工作表，单击要更改数据的单元格，然后重新输入数据。输入新数据后，返回演示文稿中，此时可见，图表根据更改的数据发生了改变。

4．图表的格式

用户不但可以应用快速样式对图表进行设置，还可以像设置其他幻灯片元素一样，对图表的外观、颜色、数字和文字的格式进行自定义的格式化设置。

（1）设置坐标轴格式

坐标轴是图表的重要组成部分，用户可以根据需要为坐标轴设置格式，如设置颜色、粗细和刻度类型等。

选中图表中坐标轴旁的数字，如图 4-53 所示，单击"图表工具 - 布局"标签，在"当前所选内容"组中单击"设置所选内容格式"按钮，打开"设置坐标轴格式"对话框，如图 4-54 所示，此时显示的是系统默认的设置。

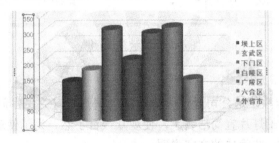

图 4-53　选中坐标轴

在该对话框和各设置项中，选中固定单选按钮，就可以对坐标轴的相关项目进行设置。单击其他的选项，可以对坐标轴的线条颜色、数字格式等进行设置，请读者自行尝试。

（2）设置图表区格式

图表区或绘图区格式可以衬托图表的效果，设置方法类似于以前内容中的幻灯片格式设置。

选中图表区，在"格式"选项卡中单击"设置所选内容格式"按钮，打开如图 4-55 所示的"设置图表区格式"对话框，在此对话框中的一些设置操作与前面的操作方法基本相同，请读者自行练习掌握。

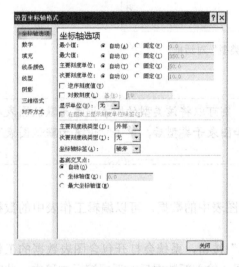
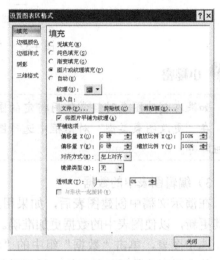

图 4-54　"设置坐标轴格式"对话框　　　　图 4-55　"设置图表区格式"对话框

4.2.4　基础实例

 情景描述

南方咨询公司对南方市市民关心的一些社会问题进行了随机调查，并根据调查的结果制作了一个演示文稿，使用街头的电子广告屏向市民公告。演示文稿的效果如图 4-56 所示。

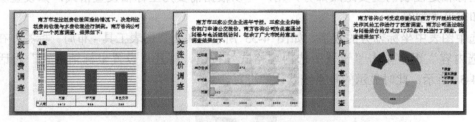

图 4-56　演示文稿示例

 制作思路

这是公益性的宣传片，是公司通过大量的社会调查对有关民生问题做出的一个民生意愿的反映，所以制作时幻灯片宜简洁明了，使观众一目了然。为了使观众对幻灯片内容的含义有所了解，需要辅助一些简单的文字说明。

操作过程

（1）选择"开始"→"所有程序"→"Microsoft Office"→"Microsoft Office PowerPoint 2007"命令启动 PowerPoint 2007，系统自动新建"演示文稿 1"文档。

（2）单击"设计"标签切换到"设计"选项卡，单击"主题"组中的其他按钮，打开主题列表，选择"内置"栏中的第 3 行第 7 列"夏至"主题应用于幻灯片，如图 4-57 所示。

（3）单击"开始"标签切换到"开始"选项卡，单击"幻灯片"组中的"版式"按钮，打开"幻灯片版式"列表，如图 4-58 所示，从中选择"标题和内容"版式应用于幻灯片，效果如图 4-59 所示。

图 4-57　幻灯片应用主题

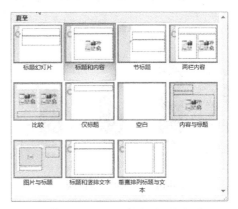

图 4-58　选择幻灯片版式

（4）在"单击此处添加标题"占位符中输入文本，并设置文本字号为"28"，字体保持不变。单击"开始"选项卡"绘图"组中的"形状"按钮，在打开的形状列表中选择"垂直文本框"，在幻灯片中添加一个垂直文本框，并在文本框中输入"垃圾收费调查"文本，设置文本字体为"宋体"、字号为"44"，并将该文本移动到幻灯片的左侧，如图 4-60 所示。

图 4-59　应用幻灯片版式

图 4-60　添加幻灯片中的文本

（5）单击"插入图表"按钮，打开"插入图表"对话框，在此对话框中选择"柱形图"中的"簇状柱形图"选项，单击"确定"按钮。系统会启动 Excel 和 PowerPoint 两个并列窗口。修改 Excel 窗口的文本与数据，并调整数据区范围，如图 4-61 所示，幻灯片窗口的图表会随之变化。

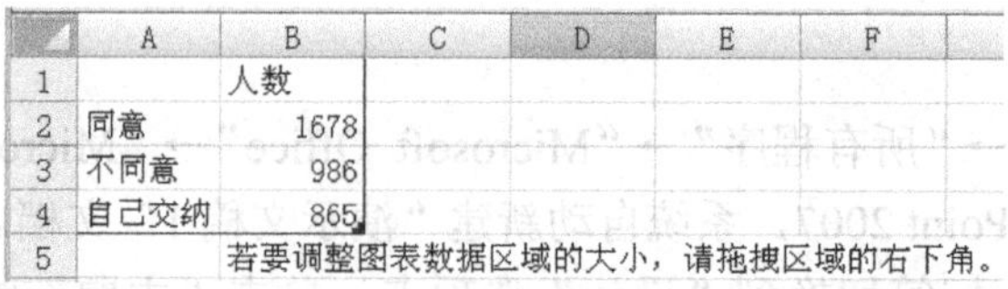

	A	B	C	D	E	F
1		人数				
2	同意	1678				
3	不同意	986				
4	自己交纳	865				
5		若要调整图表数据区域的大小，请拖拽区域的右下角。				

图 4-61　修改数据

（6）单击 PowerPoint 窗口的"图表工具 - 设计"标签，单击"快速布局"按钮，打开"快速布局"列表，选择"布局 5"应用于图表，如图 4-62 所示。

（7）删除"坐标轴标题"文本，移动"人数"文本到坐标轴的上部，如图 4-63 所示。

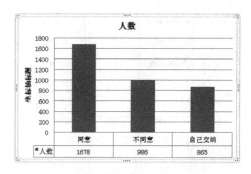

图 4-62　应用布局的图表

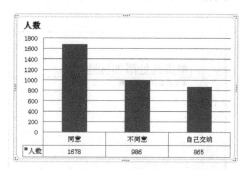

图 4-63　简单调整图表

（8）选中坐标轴数据，单击"图表工具 - 布局"标签，在"当前所选内容"组中单击"设置所选内容格式"按钮，打开"设置坐标轴格式"对话框，在"坐标轴选项"中设置："主要刻度单位"为"固定"、"100.0"，"次要刻度单位"为"固定"、"50.0"，如图 4-64 所示。

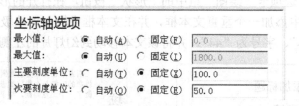

图 4-64　设置坐标轴

（9）选中图表，单击鼠标右键，在快捷菜单中选择"设置图表区域格式"命令，打开"设置图表区域格式"对话框，在"填充"设置项中选择"图片或纹理填充"单选项，单击"纹理"按钮，打开"纹理"列表，选择第 3 行第 5 列的"羊皮纸"纹理作为图表的背景纹理，设置完成后幻灯片效果如图 4-65 所示。

（10）采用与上述基本相同的操作方法完成其他幻灯片制作，制作完成后保存演示文稿。

4.2.5　举一反三

1. 你们班一直是学校常规评比的先进班级，但最近一段时间，你们班的常规扣分比较严重，班主任要求你将你们班的常规扣分情况与另外 3 个先进班级比较，制作一个演示文稿在班会上向全体同学演示，找出与先进班级的差距。

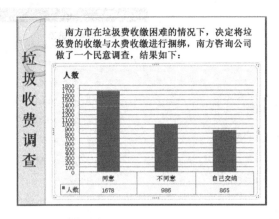

图 4-65　完成设置的幻灯片

2. 房价问题一直是老百姓关心的热点问题，你所在城市的房价在国家调控下有了一定的下滑，请你收集你所在城市今年最近 3 个月各区的平均成交价格与去年同期成交价格数据制作一个演示文稿，说明房价的下降情况。

3. 请你收集你所在城市的鸡蛋、猪肉、大米、食用油 4 类生活必需品近年来的价格数据，制作一个演示文稿，比较这些生活必需品的价格走势情况。

4.2.6　技巧与总结

1. 分析图表

分析图表是利用图表中已有的数据，通过 PowerPoint 2007 提供的图表分析功能，分析出数据变化的趋势和误差等，以指导下一步的工作。图 4-66 所示为某品牌空调 1～5 月的销售量的变化表，用户可以通过添加趋势线的操作，分析出该品牌空调的销售走势。

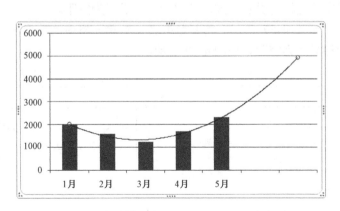

图 4-66　添加趋势线的图表

单击图表，使图表处于选中状态，单击"图表工具 - 布局"标签，在"布局"选项卡的"分析"组中单击"趋势线"按钮，打开如图 4-67 所示的趋势线列表，在该列表中单击"其他趋势线选项"，打开如图 4-68 所示的"设置趋势线格式"对话框。

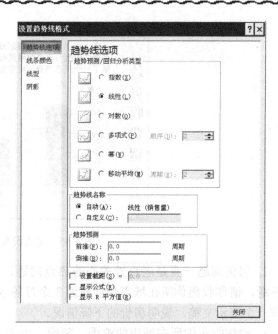

图 4-67　趋势线列表　　　　　　　　　　图 4-68　"设置趋势线格式"对话框

在"设置趋势线格式"对话框的"趋势线选项"界面中选中"多项式"单选按钮；在"趋势预测"选项区中设置预测前推 2.0 个周期。

用户还可以在此对话框的其他设置项目中设置趋势线的线条颜色、线型等项目，使趋势线在图表中显得更加清晰、醒目。

2．在图表中显示空单元格

默认情况下，图表中不显示隐藏在工作表中的行和列中的数据，空单元格显示为空距。用户可以更改空单元格的显示方式，使单元格不显示为空距。

创建一个图表，如图 4-69 所示，将其数据表 C3 单元格中的数据设置为空，此时图表中系列 2 的空单元格显示为空距，如图 4-70 所示。

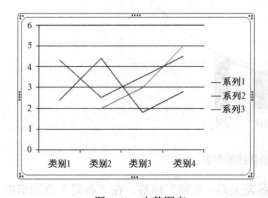

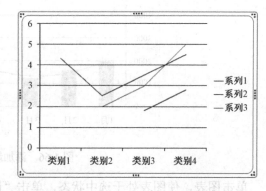

图 4-69　完整图表　　　　　　　　　　图 4-70　显示为空距的图表

单击"设计"选项卡"数据"组中的"选择数据"按钮，打开如图 4-71 所示的"选择数据源"对话框，单击"隐藏的单元格和空单元格"按钮，打开如图 4-72 所示的"隐藏和空单元格设置"对话框，要定义在图表中显示空单元格为零，则选中"零值"单选按钮，单击"确定"按钮，返回"选择数据源"对话框，单击"确定"按钮完成设置，效果如图 4-73 所示。

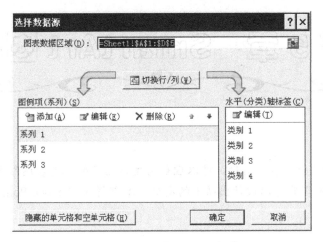

图 4-71　"选择数据源"对话框

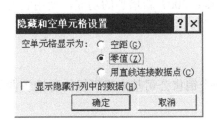

图 4-72　设置空单元格为零值

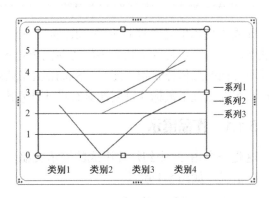

图 4-73　设置完成后的图表效果

 总结

　　图表是一种直观的数据，在幻灯片中使用图表可以使用户要表达的内容更加直观、形象，也使幻灯片具有可观赏性。本节主要介绍了在幻灯片中添加图表的方法，包括图表样式的应用、图表中数据的编辑、图表类型的更改及图表格式的设置等内容。本节知识是建立在用户具有一定的 Excel 使用基础上的，图表是将 Excel 中的数据以图形的形式显示在幻灯片中的，也许用户对 Excel 操作有一定的困难，但只要掌握最基本的 Excel 数据输入与编辑操作即可。

第5章 SmartArt 图形

内容导读

SmartArt 的含义是智能化图形，可以理解为用户信息的视觉表达形式，是 Office 2007 新增的功能组件，利用它可以设计出精美的图形。本章将介绍 PowerPoint 2007 中 SmartArt 图形的操作。

5.1 使用 SmartArt 设计流程图

如果你使用的是早期版本的 Microsoft Office，你可能要花费大量时间进行以下操作而无法专注于内容：使各形状大小相同并完全对齐；使文字正确显示；手动设置形状的格式，使其与文档的总体样式相匹配等。SmartArt 图形是 Office 2007 新增加的功能，使用它普通用户只需轻点几下鼠标就可创建具有设计师水准的幻灯片。

5.1.1 作品展示

这是一个由 3 张幻灯片组成的演示文稿，展示一个销售公司基本组织机构与销售业务流程的情况，如图 5-1 所示。

图 5-1　演示文稿示例

此种类型的幻灯片使用了 SmartArt 图形技术，非常适合制作以结构图为主的幻灯片。自播放型演示文稿通常以文字为主，辅以一定量的图片；而讲解型演示文稿一般是以结构图为主的，演讲者根据结构图对图形进行讲解说明，使幻灯片简洁明了。SmartArt 图形一般不以独立的演示文稿形式出现，而是在其他类型的演示文稿中以个别幻灯片的形式出现，主要用于制作演示文稿中的组织结构图、流程图等页面，适用于讲解型的演示文稿，由演讲者对演示文稿中的各个图形进行解释说明，以表达演讲者演说的要义。

5.1.2 操作方法

选择"开始"→"所有程序"→"Microsoft Office"→"Microsoft Office PowerPoint

2007"命令启动 PowerPoint 2007，此时系统自动创建"演示文稿 1"文档。

（1）在"单击此处添加标题"占位符中输入"新宇工贸公司业务员须知"文本，并设置其字体为"华文中宋"、字号为"43"，文本居中对齐。

（2）在"单击此处添加副标题"占位符中输入"2008 年 3 月"文本，并设置其字体为"宋体"、字号为"32"。

（3）单击"设计"标签，切换到"设计"选项卡。单击"主题"组中的"其他"按钮，打开"主题"列表。在"内置"主题列表中选择第 3 行第 2 列"夏至"主题，在此主题上单击将其应用于幻灯片。此时输入文本的位置会出现调整，将文本的位置重新调整到合适的位置处。

（4）单击"插入"标签，切换到"插入"选项卡。单击"插图"组中的"剪贴画"按钮，打开"剪贴画"任务窗格。单击"搜索"按钮，在"选定收藏集"中会搜索出很多系统自带的剪贴画，从中选择 businessmen 剪贴画，并双击该剪贴画将其插入幻灯片中。调整幻灯片中文本的位置与幻灯片的位置，完成第一幅幻灯片的制作。

（5）单击"开始"标签，切换到"开始"选项卡，单击"幻灯片"组中的"新建幻灯片"按钮，打开幻灯片类型列表，选择"标题和内容"类型的幻灯片插入演示文稿中，如图 5-2 所示。在"单击此处添加标题"占位符中输入"销售部组织结构"，使用系统默认的字体和字号。单击"插入 SmartArt 图形"按钮，打开如图 5-3 所示的"选择 SmartArt 图形"对话框。

图 5-2　插入新幻灯片

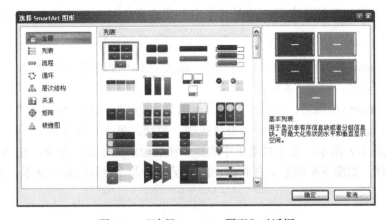

图 5-3　"选择 SmartArt 图形"对话框

（6）单击"层次结构"类别，在层次结构类别列表中选择"层次结构"，如图 5-4 所示。

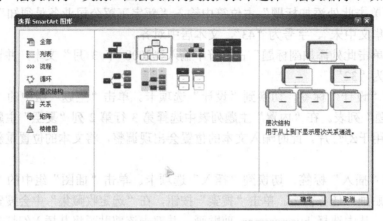

图 5-4 层次结构的 SmartArt 图形

（7）单击"确定"按钮将此图形插入幻灯片中，如图 5-5 所示。

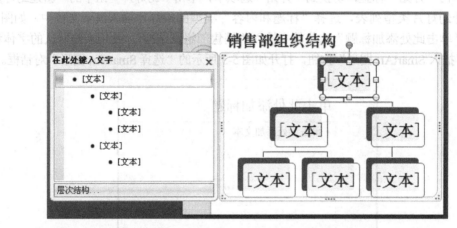

图 5-5 在幻灯片中插入 SmartArt 图形

 小秘密

"文本"窗格是 SmartArt 图形左侧的窗格，用户可以在其中输入和编辑用于在 SmartArt 图形中显示的文字。不能将文字拖动到"文本"窗格中，但可以在"文本"窗格中进行复制、粘贴操作。

（8）单击 SmartArt 图形中最顶层的形状，输入文本"部门经理"，再单击其他的形状、输入需要的文本内容，如图 5-6 所示。

（9）单击 SmartArt 图形，单击"SmartArt 工具 - 设计"标签，切换到"SmartArt 工具 - 设计"选项卡。选中第 3 行最后一个"业务经理"形状，单击"创建图形"组中的"添加形状"按钮，如图 5-7 所示，在下拉菜单中选择"在后面添加形状"命令，在 SmartArt 图形中添加一个形状，如图 5-8 所示。在新添加的形状中输入"业务经理"文本，完成第二张幻灯片的制作。

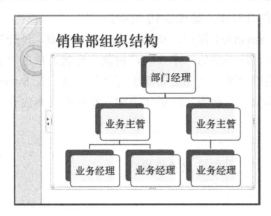

图 5-6　输入文本

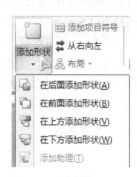

图 5-7　"添加形状"命令

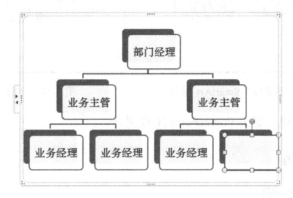

图 5-8　在 SmartArt 图形中添加形状

（10）单击"开始"标签，切换到"开始"选项卡，单击"幻灯片"组中的"新建幻灯片"按钮，打开幻灯片类型列表，选择"标题和内容"类型的幻灯片插入演示文稿中，如图 5-2 所示。在"单击此处添加标题"占位符中输入"业务流程"，使用系统默认的字体和字号。单击"插入 SmartArt 图形"按钮，打开如图 5-3 所示的"选择 SmartArt 图形"对话框。

（11）单击"流程"类别，在流程结构类别列表中选择"连续块状流程"，如图 5-9 所示。

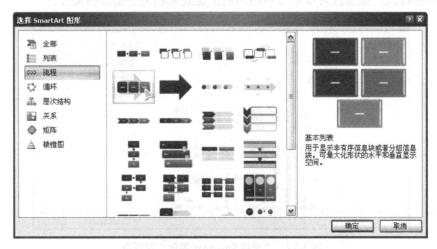

图 5-9　流程的 SmartArt 图形列表

（12）单击"确定"按钮将此图形插入幻灯片中，如图 5-10 所示。

（13）在形状中输入相应的文本。单击 SmartArt 图形，单击"SmartArt 工具 - 设计"标签，切换到"SmartArt 工具 - 设计"选项卡，选中最后一个"客户付款"形状，单击"创建图形"组中的"添加形状"按钮，在下拉菜单中选择"在后面添加形状"命令，在 SmartArt 图形中添加一个形状，重复操作添加 3 个形状。在新添加的形状中输入相应的文本内容，完成本页面幻灯片的制作，如图 5-11 所示。

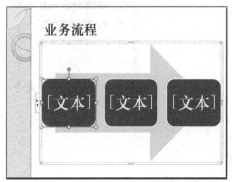

图 5-10　插入"连续块状流程"SmartArt 图形　　　　图 5-11　完成后的幻灯片

（14）保存演示文稿，退出 PowerPoint 2007 系统。

5.1.3　技术点睛

1．创建 SmartArt 图形

SmartArt 图形类型有多种，如"流程"、"层次结构"、"循环"及"关系"等，每种类型中包含几个不同的布局。创建 SmartArt 图形时，系统将提示用户选择一种 SmartArt 图形类型。SmartArt 图形主要是在"选择 SmartArt 图形"对话框中进行设置，如图 5-12 所示。该对话框由 3 个部分组成：SmartArt 图形类别、不同类别的模板和预览区。SmartArt 图形类别主要包括列表、流程、关系、矩阵和棱锥图等；不同类别的模板是针对类别由系统设计好的 SmartArt 图形样式；预览区可以查看该图形的预览效果和关于图形的简介。

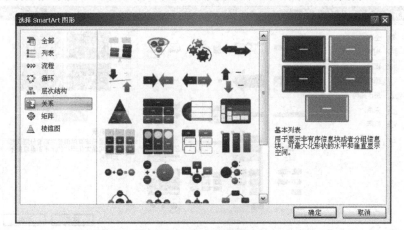

图 5-12　"选择 SmartArt 图形"对话框

　　单击"插入"选项卡"插图"组中的"SmartArt 图形"按钮，系统会打开"选择 SmartArt 图形"对话框，在此对话框中选择需要的类型和布局，单击"确定"按钮后返回演示文稿，此时在演示文稿中已经添加了 SmartArt 图形，并且在功能区出现"SmartArt 工具"上下文选项卡，如图 5-13 所示。

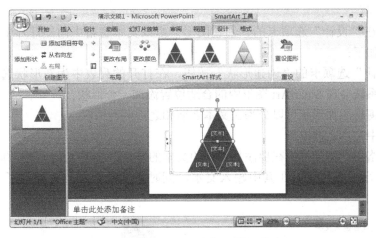

图 5-13　添加 SmartArt 图形后的工作窗口

2．在 SmartArt 图形中添加文本

　　在幻灯片中添加了 SmartArt 图形后，还要在其中输入、编辑和格式化文本，编辑和格式化文本与前面章节介绍的方法相同，这里不做介绍，只介绍文本的输入。

　　要想在 SmartArt 图形中输入文本，用户可以单击其中的一个形状，然后在其中输入文本，也可以打开文本窗格，在其中编辑文本，具体的操作方法如下：

　　单击 SmartArt 图形左侧的三角形按钮，如图 5-14 所示，系统会打开文本窗格，用户可以在文本窗格中输入文本，如图 5-15 所示。用户可以看到文本窗格中输入的文本会同时在图形中显示，输入完成后关闭文本窗格即可。输入完文本后，用户可以对文本的格式等进行设置。

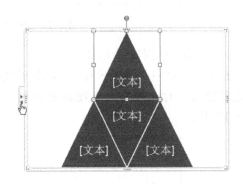

图 5-14　打开文本窗格

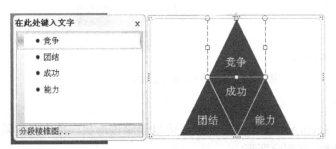

图 5-15　在文本窗格中输入文本

3. 添加和删除形状

在系统的 SmartArt 图形模板中形状的数量是一定的，并不一定恰好符合用户的需求，用户需要对 SmartArt 图形中的数量进行添加和删除操作，以符合自己的需要。

1）添加形状

用户可以在"设计"选项卡的"创建图形"组或文本窗格中向幻灯片中插入形状，具体的操作方法如下：

单击"设计"选项卡的"创建形状"按钮，在打开的列表中为新形状选择位置，根据选择的情况，系统会在 SmartArt 图形中的合适位置添加一个形状。

使用文本窗格添加形状可以分为在文本之前和之后两种情况。

（1）在选中文本之前添加

在文本窗格中，将光标放在要添加形状的文本的开头，按下 Enter 键，即可在选中的文本之前添加一行，用户可以在其中输入文本，同时在所选形状前也添加了一个形状，如图 5-16 所示。

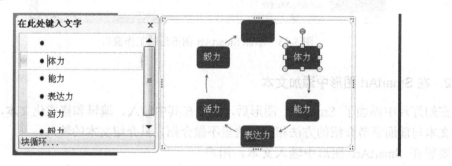

图 5-16　在选中文本之前添加形状

（2）在选中文本之后添加

在文本窗格中，将光标放在要添加形状的文本的结尾，按下 Enter 键，即可在选中的文本之后添加一行，用户可以在其中输入文本，同时在所选形状后也添加了一个形状，如图 5-17 所示。

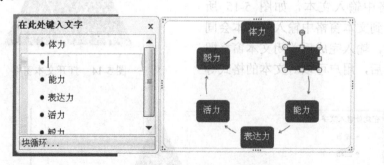

图 5-17　在选中文本之后添加形状

2）删除形状

如果用户想减少 SmartArt 图形中的形状，可以删除该形状。单击要删除形状的边框，按下键盘上的 Delete 键即可删除图形。

小秘密

> 在文本窗格中选中要删除形状的文本的位置，然后按下 Delete 键，也可以删除形状。

4．更改图形布局

每种布局都提供了一种表达内容及增强所传达信息的不同方法。一些布局只是使用项目符号或列表的形式来展现，而另一些布局适合用于展现特定种类的信息。

布局更改的操作是在"SmartArt 工具 - 设计"选项卡中的"布局"组中进行的，操作方法如下：

在幻灯片中选中 SmartArt 图形，如图 5-18 所示，单击"布局"组中列表框旁的"其他"按钮，打开如图 5-19 所示的布局列表，将鼠标移动到不同布局类型时，SmartArt 图形会随之发生变化，用户可以根据变化情况有所选择。图 5-20 所示为将原有布局更改为"分段循环"后的效果。

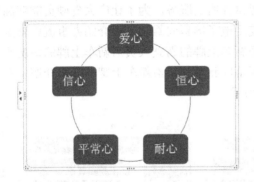

图 5-18　原来的 SmartArt 图形

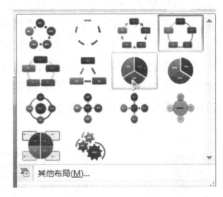

图 5-19　布局列表

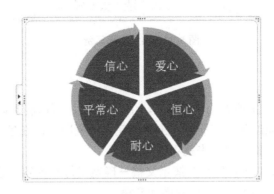

图 5-20　更改后的 SmartArt 图形

 小秘密

> 用户在更改图形布局时，并不是所有布局列表中的布局方式都可以使用，有些布局方式会丢失原来布局中的数据，如图 5-21 所示。

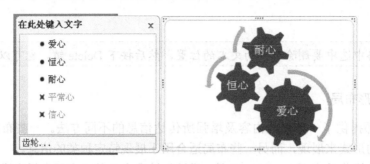

图 5-21　布局改变使数据丢失

5.1.4　基础实例

 **情景描述**

　　南方市车辆管理所是一个省级先进单位，车管所内所有服务人员均秉承着"服务零距离、我服务我快乐"的宗旨为广大的驾驶人员提供优质的服务。为了让广大驾驶员能够高兴而来、满意而归，所里推出了多项便民措施，使用电子屏幕向驾驶人员介绍办事流程就是其中的一项。考虑到车管所占地面积比较大，办理新车上牌的驾驶人员对新车上牌的情况不熟悉，他们在停车场、服务大厅等处使用了电子屏幕向到车管所给新车上牌的客户介绍了新车上牌的详细流程，电子演示文稿效果如图 5-22 所示。

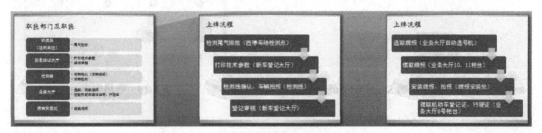

图 5-22　演示文稿示例

 制作思路

　　由于这是一种公告，主要发布的是新车上牌的流程，所以制作时应考虑：不加单位标志，发布与上牌有关的职能部门和职能、上牌的完整流程即可；在条件许可的情况下，将单位平面图及各职能点的位置标注出来就更理想了。

　　启动 PowerPoint 2007→新建空白演示文稿→确定幻灯片内容（职能部门及其职能页、新车的上牌流程页）→制作幻灯片→保存演示文稿。

 操作过程

　　（1）选择"开始"→"所有程序"→"Microsoft Office"→"Microsoft Office PowerPoint 2007"命令启动 PowerPoint 2007，删除系统创建的"演示文稿 1"中的两个占位符。

　　（2）单击"设计"标签，切换到"设计"选项卡，单击"主题"组中的"其他"按钮，在主题列表中选择"暗香扑面"主题应用于演示文稿。

（3）单击"开始"标签，切换到"开始"选项卡，单击"绘图"组中的"形状"按钮，在形状列表中选择"文本框"形状，在幻灯片中拖出一个文本框。

（4）在文本框中输入"职能部门及职能"文字，设置文字的字体为"华文楷体"、字号为"36"，并将文本框移动到幻灯片的左上角，如图 5-23 所示。

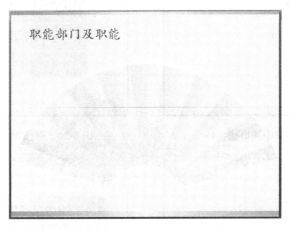

图 5-23　应用主题后的幻灯片

（5）单击"插入"标签，切换到"插入"选项卡，单击"插图"组中的"SmartArt"按钮，打开"选择 SmartArt 图形"对话框，在列表中选择"垂直块列表"图形，单击"确定"按钮，在幻灯片中插入一个垂直块列表图形，如图 5-24 所示。

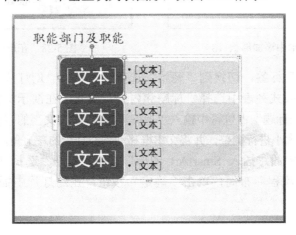

图 5-24　插入 SmartArt 图形

（6）选中第 3 行左侧的文本对象，单击"创建图形"组中的"添加形状"按钮，在下拉菜单中选择"从后面添加形状"命令，在图形中添加一个形状，如图 5-25 所示；再单击"创建图形"组中的"添加形状"按钮，在下拉菜单中选择"从下方添加形状"命令，在图形中再添加一个形状，如图 5-26 所示。重复上述操作，在图形中再添加两个形状，如图 5-27所示。

（7）在图形的各个形状中输入各职能部门的名称与主要职能，字体、字号采用系统默认设置，适当调整图形的大小，如图 5-28 所示，完成第一张幻灯片的制作。

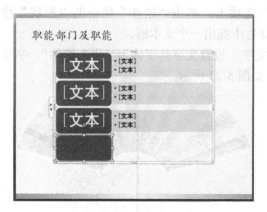

图 5-25　在图形中添加形状（1）

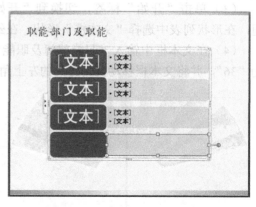

图 5-26　在图形中添加形状（2）

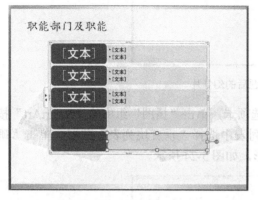

图 5-27　在图形中添加形状（3）

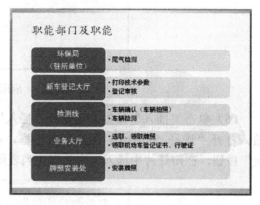

图 5-28　在形状中输入文本

（8）单击"开始"标签，切换到"开始"选项卡，单击"幻灯片"组中的"新建幻灯片"按钮，在幻灯片版式列表中选择"标题和内容"版式，在演示文稿中插入一个新幻灯片。在"单击此处添加标题"占位符中输入"上牌流程"，设置文字的字体为"华文楷体"、字号为"36"，对占位符大小进行调整，并将文本框移动到幻灯片的左上角，如图 5-29 所示。

（9）单击幻灯片中的"插入 SmartArt 图形"按钮，打开"选择 SmartArt 图形"对话框，从中选择"交错流程"布局，单击"确定"按钮，在幻灯片中插入一个 SmartArt 图形，如图 5-30 所示。

图 5-29　新插入的幻灯片

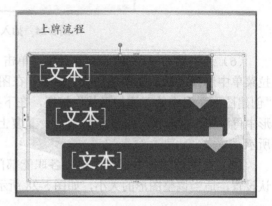

图 5-30　插入 SmartArt 图形

（10）单击"创建图形"组中的"添加形状"按钮，在下拉菜单中执行"从后面添加形状"命令，在图形中添加一个形状，如图 5-31 所示。在 SmartArt 图形的各个形状中输入相应的文本，并对形状的大小进行适当的调整，完成第二张幻灯片的制作，如图 5-32 所示。

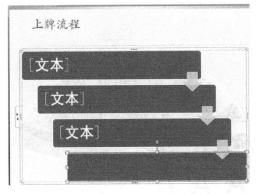

图 5-31　在图形中添加形状

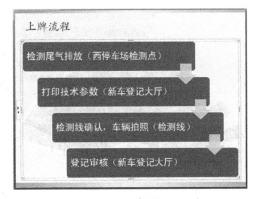

图 5-32　在形状中输入文本

采用同样的方法完成第三张幻灯片的制作，保存演示文稿后退出 PowerPoint 2007。

5.1.5　举一反三

1. 8 月 15 日到 8 月 18 日是南方中等专业学校新生报到的时间，由于今年学校录取的新生较多，预计新生报到可能会出现混乱，学校为了避免出现混乱的局面，制订了一个新生报到的流程：新生到校先到招办办理注册登记手续，再到财务处交费，凭交费证明到学生处办理关系的转接，再到后勤处领取相关物品，登记住宿房间，最后到服务中心购买饭卡等。报到过程中涉及学校多个职能处室，各职能处室在新生报到时的职能如表 5-1 所示。请你根据所给的内容，制作一个电子演示文稿，在报到当天通过学校的电子屏幕向新生和家长介绍新生报到的流程及与报到有关处室的职能与地点。

表 5-1　处室职能与地点表

处 室 名 称	地　　点	职　　能
招办	行政楼 302	新生注册、签发注册证明
财务处	行政楼 402、403	收取学杂费
学生处	行政楼 420、421	承接户籍关系与组织关系，发放新生须知
后勤处	学生公寓 1 楼	安排住宿、发放物品（军训用品、住宿用品）
服务中心	操场西侧	出售饭卡和洗浴卡等

2. 南方中等专业学校学生会为了向新生介绍学生会的组成情况及学生会干部所属班级情况，想通过学校的电子屏幕向新生做个介绍，你能帮忙做一个吗？

5.1.6　技巧与总结

1. SmartArt 图形中插入艺术字

用户可以在"SmartArt 工具 - 格式"选项卡的"艺术字样式"组中设置 SmartArt 图形

的艺术字样式，具体操作步骤如下。

选中整个 SmartArt 图形，单击 "SmartArt 工具 - 格式" 选项卡 "艺术字样式" 组中的 "其他" 按钮，在打开的艺术字库中单击要设置的样式，如图 5-33 所示。设置完成后，整个图形中的文字都应用了该艺术字效果。

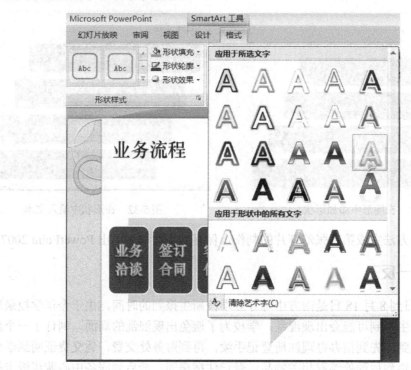

图 5-33　设置艺术字

如果用户要单独设置一个形状的文字，可以单击这个形状，然后设置艺术字的样式。但这样的设置会使设置对象与其他形状中的文字有点格格不入。这种设置方式多用于层次型的形状中。

2．设置快速样式

用户可以通过 SmartArt 图形的快速样式来制作高水准的 SmartArt 图形，具体的设置方法如下。

（1）更改样式的颜色

选中整个图形，单击 "SmartArt 样式" 组中的 "更改颜色" 按钮，打开如图 5-34 所示的主题颜色列表，在列表中选择要更改的颜色选项，图形的文本就会发生相应的变化，如图 5-35 所示。

（2）设置快速样式

选中整个图形，单击 "SmartArt 样式" 组中的 "其他" 按钮，打开如图 5-36 所示的样式库列表，在样式库列表中选择要使用的选项，图形的文本就会发生相应的变化，如图 5-37 所示。

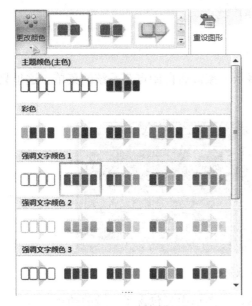

图 5-34　主题颜色列表

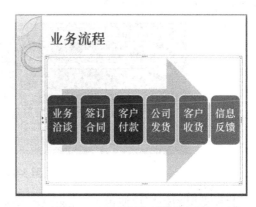

图 5-35　更改颜色后的幻灯片

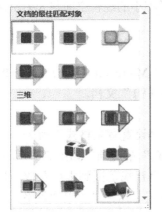

图 5-36　样式库列表

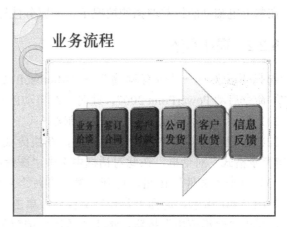

图 5-37　应用样式后的幻灯片

 总结

　　人们一般不会使用 SmartArt 图形制作单独的演示文稿，该图形通常是在一个演示文稿的某些幻灯片中使用。使用它可以简化操作，设置特殊的效果，可以方便地制作出具有专业水准的图形效果，为整个幻灯片起到画龙点睛的作用。

5.2　使用 SmartArt 设计菜单

　　中国的饮食文化充满了地域色彩与文化气息，各种各样、大大小小的饭店、食府、酒楼成为都市文化的一个重要元素，也给人们的夜生活提供了丰富的内涵。不同的饭店，其点菜系统也是多种多样的：有明炉点菜的、有传统菜单的、有自助点菜的等。在这不同的点菜方式中，自助点菜方式在各大饭店中的使用越来越广泛。

5.2.1　作品展示

这是一个由 2 张幻灯片组成的演示文稿，展示一家饭店自助点菜系统的菜单。这里只制作了 2 张，效果如图 5-38 所示。

图 5-38　样例效果

此种类型的幻灯片使用了 SmartArt 图形技术，在图形中又包含了大量的图片，适合制作饭店、茶社等自助点单系统中的样品展示，同样也适合制作系列产品的样品展示演示文稿。在掌上电脑功能日益增强的情况下，为服务性行业节省了不小的经营空间与人力资源。

5.2.2　操作方法

选择"开始"→"所有程序"→"Microsoft Office"→"Microsoft Office PowerPoint 2007"命令启动 PowerPoint 2007，此时系统自动创建"演示文稿 1"文档。

（1）将系统自动创建的两个占位符删除。

（2）在空白幻灯片中单击鼠标右键，在快捷菜单中选择"设置背景格式"命令，打开"设置背景格式"对话框，在此对话框中选中"图片或纹理填充"单选项，如图 5-39 所示。

（3）单击"文件"按钮，打开"插入图片"对话框，调整查找范围到素材存放文件夹下，如图 5-40 所示。选择"背景"文件后，单击"插入"按钮，返回"设置背景格式"对话框，单击"全部应用"按钮，单击"关闭"按钮关闭对话框。

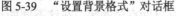

图 5-39　"设置背景格式"对话框

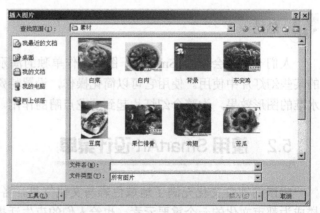

图 5-40　"插入图片"对话框

（4）单击"插入"标签，切换到"插入"选项卡，单击"插图"组中的"SmartArt"

按钮，打开"选择 SmartArt 图形"对话框，单击"列表"类别，选择"垂直图片列表"类型，单击"确定"按钮，在幻灯片中插入一个垂直列表类型的 SmartArt 图形，如图 5-41 所示。

（5）单击"SmartArt 工具 - 设计"标签，在"创建图形"组中单击"添加形状"按钮，在下拉菜单中选择"在后面添加形状"命令，在图形中添加一个形状，如图 5-42 所示。

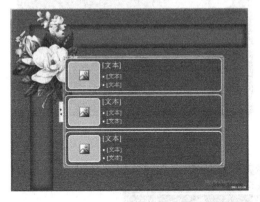 

图 5-41　在幻灯片中插入 SmartArt 图形　　　　　图 5-42　在图形中添加形状

（6）单击 SmartArt 图形第一个形状中的图片占位符，在打开的"插入图片"对话框中选择要插入的图片，单击"插入"按钮，返回演示文稿中，可以看到图片已经插入形状中，并且不需要对图片的大小和位置进行调整，如图 5-43 所示。

（7）在图片的右侧输入相应的文本，并对文本的格式与位置进行调整与设置，如图 5-44 所示。

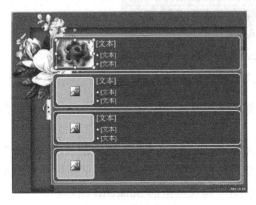 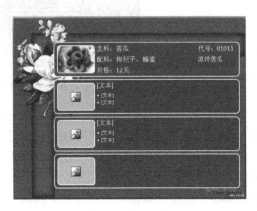

图 5-43　插入图片　　　　　图 5-44　输入文本

（8）将光标置于第一个形状中，单击鼠标右键，选择快捷菜单中的"设置形状格式"命令，打开"设置形状格式"对话框，在此对话框中选中"渐变填充"单选项，在"预设颜色"设置项中设置形状背景为"红日西斜"，如图 5-45 所示，单击"关闭"按钮关闭对话框。幻灯片效果如图 5-46 所示。

（9）采用相同的操作完成其余 3 个形状的制作，并在幻灯片中插入两个文本框，一个横排文本框，一个竖排文本框，分别输入"中国人家美食坊"和"凉菜"文字，设置字体、字号、颜色等，最终的效果如图 5-47 所示。

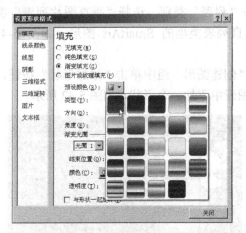

图 5-45　设置形状格式

图 5-46　幻灯片的效果

图 5-47　第一张幻灯片的效果

（10）单击"开始"标签，切换到"开始"选项卡，单击"幻灯片"组中的"新建幻灯片"按钮，在演示文稿中插入一张空白幻灯片。

（11）单击"插入"标签，切换到"插入"选项卡，单击"插图"组中的"SmartArt"按钮，打开"选择 SmartArt 图形"对话框，单击"列表"类别，选择"水平图片列表"类型，单击"确定"按钮，在幻灯片中插入一个水平图片列表类型的 SmartArt 图形。

（12）采用与制作第一张幻灯片基本相同的操作方法，在第二张幻灯片中添加图形、输入文本，并对文本的字体、字号、对齐方式进行设置。

（13）按住键盘上的 Ctrl 键，将鼠标移动到 SmartArt 图形中各个形状的边线处，当鼠标形状变成 时，单击鼠标左键，选中各个形状，将鼠标移动到 SmartArt 图形中形状的边线处，鼠标形状变成 时，单击鼠标右键，在快捷菜单中选择"设置形状格式"命令，打开"设置形状格式"对话框，选中"无填充色"单选项，单击"关闭"按钮关闭对话框，完成第二张幻灯片的制作，效果如图 5-48 所示。

（14）保存演示文稿后，退出 PowerPoint 2007 系统。

图 5-48　第二张幻灯片的效果

5.2.3　技术点睛

1．在 SmartArt 中设置图片

图片或图像是创建演示文稿必不可少的部分，向 SmartArt 图形中插入图片可以使用图片占位符，也可以使用图片填充的方法完成。

（1）使用图片占位符

SmartArt 图形类别有多种，其中"列表"类别中有多种模板具有插入图片的功能，如水平图片列表、连续图片列表、垂直图片列表等，在幻灯片中使用这些 SmartArt 图形模板，可以用模板提供的图片占位符向形状中插入图片。

单击 SmartArt 图形中的图片占位符，打开"插入图片"对话框，选择合适的图片后，单击"插入"按钮，即可完成图片的插入，如图 5-49 所示。

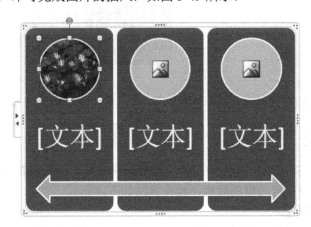

图 5-49　使用图片占位符插入图片

（2）使用图片填充

在 PowerPoint 系统中只有为数不多的几个模板提供了图片占位符，在其他的模板中可不可以插入图片呢？在形状中直接插入图片是行不通的，如果使用此方法会得到如图 5-50 所示的效果。图片并没有被控制在形状中，而是插入了幻灯片中，如果图片比较大，还会充

满整个幻灯片。

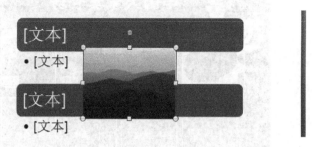

图 5-50　直接插入图片的效果

改变一下思路，我们可以使用将图片作为背景填充的方式给形状添加图片，其效果与使用图片占位符的方式类似，这种方法可能不受模板的限制。

在幻灯片中插入"垂直箭头列表"模板的 SmartArt 图形，图形中只有文本占位符，选中其中的任意一个形状，切换到"SmartArt 工具 - 格式"选项卡，单击该选项卡"形状样式"组中的"形状填充"按钮，打开"形状填充"列表，如图 5-51 所示。在此列表中选择"图片"选项，打开"插入图片"对话框，在该对话框中选择需要的图片后，单击"插入"按钮，即可以将图片插入到形状中，如图 5-52 所示。

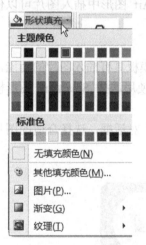

图 5-51　"形状填充"列表

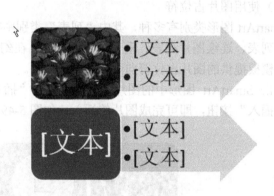

图 5-52　插入图片的效果

2. 设置图形格式

用户可以对整个 SmartArt 图形中的所有形状同时应用专业设计的快速样式和布局，或者可以更改单个形状或形状边框的颜色，操作方法如下。

（1）设置形状的颜色

选中要设置格式的形状，然后单击"SmartArt 工具 - 格式"选项卡"形状样式"组中的"形状填充"按钮，在打开的如图 5-51 所示的列表中设置形状的颜色。

（2）设置形状边框的颜色

单击"形状样式"组中的"形状轮廓"按钮，在打开的如图 5-53 所示的列表中设置形状轮廓的颜色，即形状边框的颜色。

（3）设置形状边框的粗细

单击"形状样式"组中的"形状轮廓"按钮，在打开的如图 5-54 所示的列表中单击相应的磅值，即可完成形状边框的粗细设置。

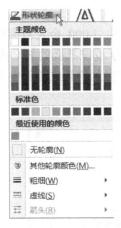

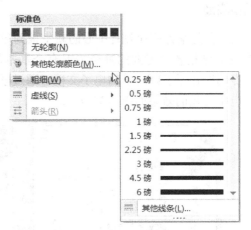

图 5-53　设置形状边框的颜色　　　　　　　图 5-54　设置形状边框的粗细

 小秘密

给图形中所有的形状都设置相应的效果，只需要选中整个图形，然后再进行设置即可。

（4）设置形状效果

选中要设置效果的图形，单击"形状效果"按钮，在打开的如图 5-55 所示的列表中单击相应的选项，即可完成形状效果的设置。

3．还原默认的布局和颜色

如果用户对 SmartArt 图形的设置效果不满意，可以单击"SmartArt 工具 - 设计"选项卡"重设"组中的"重设图形"按钮，则可以清除图形中所有设置的效果，并清除 SmartArt 图形中已经添加的图像，如图 5-56 所示。

图 5-55　设置形状效果　　　　　　图 5-56　清除 SmartArt 图形中的所有效果

5.2.4 基础实例

情景描述

9 月 15 日是南方职业教育中心的新生报到日，届时将有新生 1 000 余人与家长到校。为了让学生对学校各个专业的师资情况有个基本的认识，扩大学校在社会的知名度与影响力，学校专门制作了名师风采的电子文稿，通过学校的电子屏向报到的新生与新生家长做宣传展示，电子文稿的效果如图 5-57 所示。

图 5-57 演示文稿示例

制作思路

要展示的是学校知名教师的情况，幻灯片以名师风采来命名，使用几片绿叶的图案作为背景图案，彰显了教师是辛勤园丁的寓意；由于需要展示的教师较多，考虑使用 SmartArt 图形将教师的标准像与教师的职称、最高荣誉展现出来，并将该教师的专业方向向新生做个简单的说明。

启动 PowerPoint 2007→新建空白演示文稿→确定幻灯片内容（信息技术系名师页、现代服务系名师页）→准备素材（背景图、教师照片等）→制作幻灯片→保存演示文稿。

操作过程

（1）启动 PowerPoint 2007，将系统自动创建的"演示文稿 1"中的两个占位符删除。

（2）在空白幻灯片中单击鼠标右键，选择快捷菜单中的"设置背景格式"命令，打开"设置背景格式"对话框，在此对话框中选中"图片或纹理填充"单选项，如图 5-58 所示。

（3）单击"文件"按钮，打开"插入图片"对话框，调整查找图片的路径，找到需要的图片，选中图片，单击"插入"按钮，如图 5-59 所示。返回"设置背景格式"对话框，单击"全部应用"按钮，再单击"关闭"按钮关闭对话框，此时演示文稿的效果如图 5-60 所示。

（4）单击"插入"标签，切换到"插入"选项卡。单击"插图"组中的"SmartArt"按钮，打开"选择 SmartArt 图形"对话框，选择"垂直图块列表"模板，单击"确定"按钮，在幻灯片中插入图形，如图 5-61 所示。

图 5-58　设置背景格式

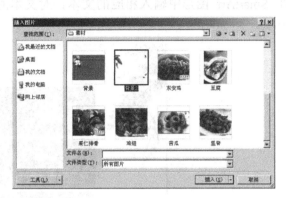

图 5-59　插入图片

图 5-60　应用背景后的幻灯片

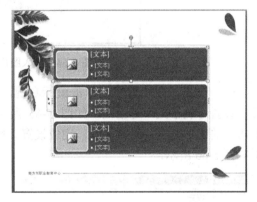

图 5-61　在幻灯片中插入图形

（5）选中 SmartArt 图形中的第一个形状，单击鼠标右键，选择快捷菜单中的"改变形状"命令，打开如图 5-62 所示的形状列表，从中选择基本形状中的"菱形"，将原来的正方形更改为菱形。采用相同的操作方法改变另外两个形状，完成后的效果如图 5-63 所示。

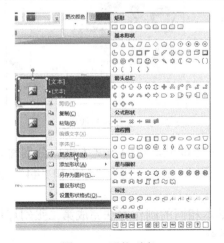

图 5-62　形状列表

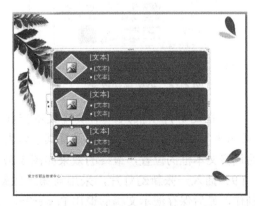

图 5-63　改变后的效果

　　（6）单击图片占位符，打开"插入图片"对话框，选择相应的图片插入幻灯片中，在 SmartArt 图形中输入相应的文本，对文本的格式进行设置，完成后的效果如图 5-64 所示。

图 5-64　插入图片并输入文字后的效果

　　（7）单击第一个形状，单击鼠标右键，选择快捷菜单中的"设置形状格式"命令，打开"设置形状格式"对话框，如图 5-65 所示，选择"渐变填充"，预设颜色为"羊皮纸"，单击"关闭"按钮关闭对话框，完成设置。用同样的操作完成其他两个形状的格式设置，效果如图 5-66 所示。

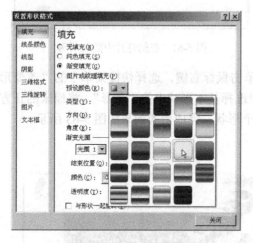

图 5-65　设置形状格式

图 5-66　设置后的效果

　　（8）在幻灯片中插入一个横排文本框和一个竖排文本框，在两个文本框中分别输入"名师风采"和"信息技术系"，设置其字体为"华文新魏"，字号分别为"54"和"44"，完成后调整文本框的位置，最终的效果如图 5-67 所示。

　　（9）插入一张新幻灯片，采用与第一张幻灯片基本相同的制作方法完成第二张幻灯片的制作，最后保存演示文稿后退出 PowerPoint 2007 系统。

图 5-67　第一张幻灯片完成后的效果

5.2.5　举一反三

1. 茶客老站是一家连锁茶社企业，最近企业为了降低运营成本，引入了自助式点单系统，请你为其设计自助查寻的点单系统。

2. 你们学校为了让学生和家长了解学校各职能部门及各位校长的工作分工情况，想通过学校的电子屏向学生做个介绍，你能设计一个这样的演示文稿吗？

3. 你们学校辖区的派出所为了加强警民联系，提高警风建设，通过所在辖区的电子公告屏向辖区内的居民介绍派出所所有民警的工作职责及在岗时间，请辖区居民给与监督。请你为派出所设计制作一份这样的演示文稿。

5.2.6　技巧与总结

1. 将文本转换成 SmartArt 图形

将文本转换为 SmartArt 图形是 PowerPoint 2007 的一项新功能，利用这个功能用户可以很方便地实现文本和 SmartArt 图形之间的互相转换，使幻灯片显得更加直观。图 5-68 所示为在一个文本框中输入了文本的幻灯片，3 行文字分别属于 3 个段落。

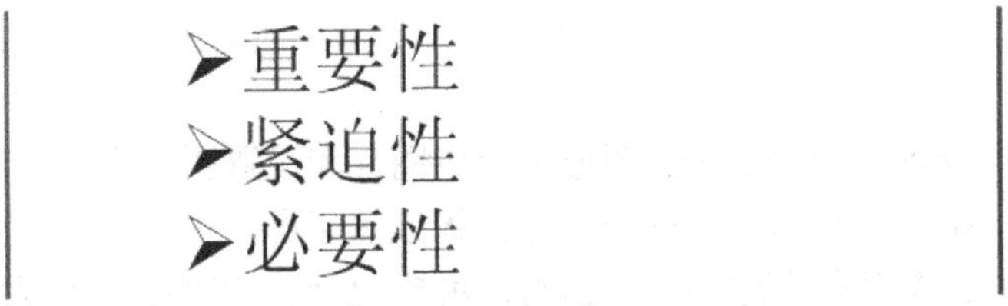

➢重要性
➢紧迫性
➢必要性

图 5-68　输入了文本的幻灯片

将光标放置于文本框中，单击"开始"选项卡"段落"组中的"转换为 SmartArt 图形"按钮，在打开的列表中选择相应的选项，即可完成文本向 SmartArt 图形的转换。图 5-69 所示为选择了"基本维恩图"的效果。

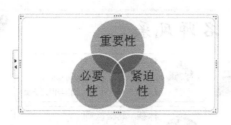

图 5-69　文本转换成 SmartArt 图形

2．移动 SmartArt 图形中的形状

在幻灯片中插入的 SmartArt 图形以一个整体的形式存在于幻灯片中，SmartArt 图形中形状的移动只能在 SmartArt 图形内部，而不能移动到幻灯片的其他位置，给用户带来了一定的不便。怎样才能解除这样的约束呢？

按下键盘上的 Shift 键，逐个单击 SmartArt 图形中的形状，选中所有的形状（不能选中整个 SmartArt 图形），单击"复制"按钮，将所有的形状复制到剪贴板中，再选中幻灯片中的 SmartArt 图形，将该图形删除，单击"粘贴"按钮，将剪贴板中的形状粘贴到幻灯片中，此时，所有的形状都可以进行移动了，如图 5-70 所示。

图 5-70　移动各个形状

 总结

本节主要介绍了如何在 SmartArt 图形中运用图片和设置图形格式等。PowerPoint 2007 系统中提供了多种 SmartArt 模板，有一部分模板设置了图片占位符，可以方便地将图片插入 SmartArt 图形中。大部分模板并没有提供此功能，我们可以将图片作为形状的背景插入到形状中以达到插入图片的目的，这样可以丰富 SmartArt 图形模板的功能。

第6章　为幻灯片添加动画效果

📝 **内容导读**

　　演示文稿中内容的出现会有一定的秩序，有些内容需要先出现，有些内容需要后出现，怎样才能方便地控制幻灯片中内容出现的顺序呢？通过动画效果的设置可以很简单地实现这样的目的。本章将介绍在幻灯片中添加动画效果的方法和技巧。

6.1　动起来的企业简介

　　为幻灯片添加动画效果可以使幻灯片中的信息显得更加富有活力，也可以加强幻灯片在视觉上的效果，同时还能增加幻灯片的趣味性。

6.1.1　作品展示

　　这是本书第 3 章第 1 节中制作的幻灯片，总共由 4 张页面组成。该幻灯片主要由文字与图片组成，幻灯片的第 1 页面使用了系统的标准动画，其他页面使用了自定义动画，如图 6-1 所示。

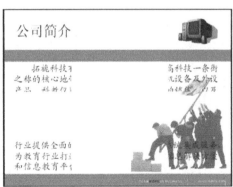

图 6-1　设置了动画效果的幻灯片

6.1.2　操作方法

　　在计算机上查找到文件 3-1.pptx，双击该文件图标启动 PowerPoint 2007，同时打开该演示文稿，将其另存为 6-1.pptx。

　　（1）选中第一幅幻灯片中的"成功，我们共同努力"文本框，单击"动画"标签，切换到"动画"选项卡，单击"动画"组中的"动画"下拉列表，从中选择"淡出"效果中的

"按第一级段落"效果，如图 6-2 所示。

　　（2）单击"预览"组中的"预览动画"按钮，可以在幻灯片窗格中看到所设置动画的相关效果，如图 6-3 所示。

图 6-2　设置动画效果　　　　　　　　　　　　图 6-3　"淡出"的动画效果

　　（3）选中幻灯片中的图片，单击"动画"组中的"动画"下拉列表，从中选择"淡出"效果，如图 6-4 所示。

　　（4）选中"拓旋科技欢迎您！"文本框，单击"动画"组中的"动画"下拉列表，从中选择"擦除"效果中的"整批发送"效果，完成第一幅幻灯片动画效果的设置。

　　（5）切换到第 2 张幻灯片，选中"公司简介"文本框，单击"动画"组中的"自定义动画"按钮，打开"自定义动画"任务窗格，如图 6-5 所示。

图 6-4　设置图片的动画效果　　　　　　　　　图 6-5　"自定义动画"任务窗格

（6）单击"添加效果"按钮，在打开列表的"进入"级联列表中单击"十字形扩展"选项，如图 6-6 所示，为"公司简介"添加"十字形扩展"动画效果，如图 6-7 所示。

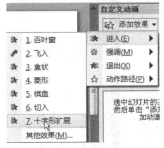

图 6-6　设置动画效果　　　　　　　　　　图 6-7　"十字形扩展"效果

此时演示文稿中所选对象旁出现一个数字标记，用来显示其动画顺序，如图 6-8 所示。

（7）在"自定义动画"任务窗格的"开始"下拉列表中单击"单击时"选项，如图 6-9 所示；在"方向"下拉列表中选择动画效果的方向为"放大"，如图 6-10 所示；在"速度"下拉列表中选择动画运行的速度为"慢速"，如图 6-11 所示。

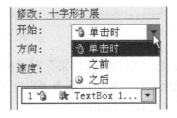

图 6-8　设置动画效果后的顺序标记　　　　图 6-9　设置动画激发方式

图 6-10　设置动画方向　　　　　　　　　　图 6-11　设置动画速度

（8）如果用户想预览对幻灯片所设置的动画效果，可以单击"自定义动画"窗格中的"播放"按钮，如图 6-12 所示。单击"播放"按钮后，可以从幻灯片窗格中预览到所选幻灯片中设置的全部动画效果，如图 6-13 所示。

（9）切换到第 3 张幻灯片，按住键盘上的 Shift 键，选中"企业文化"文本框和右侧的图片，如图 6-14 所示。

（10）单击"动画"组中的"自定义动画"按钮，打开"自定义动画"任务窗格。单击"添加效果"按钮，然后在打开列表的"进入"级联列表中单击"其他效果"选项，打开如图 6-15 所示的"添加进入效果"对话框。

图 6-12　播放幻灯片

图 6-13　预览幻灯片

图 6-14　选中设置动画对象

（11）在"添加进入效果"对话框中选择"基本型"中的"楔入"效果，单击"确定"按钮，返回幻灯片窗口。单击"自定义动画"任务窗格中的"播放"按钮，可以看到设置的动画效果，如图 6-16 所示。

图 6-15　"添加进入效果"对话框

图 6-16　设置动画后的效果

（12）依次选中幻灯片中的文本对象，按文本框出现的顺序设置动画效果，动画速度均为"中速"，最终效果如图 6-17 所示。

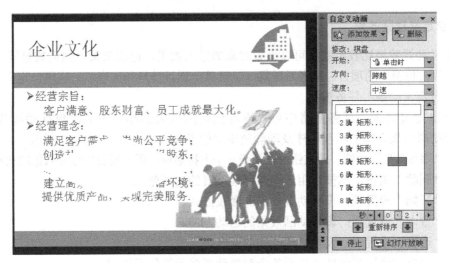

图 6-17　最终效果

（13）采用与上述相同的方法设置第 4 张幻灯片中各个对象的动画效果，设置完成后保存演示文稿并退出 PowerPoint 2007。

6.1.3　技术点睛

1. 标准动画效果

PowerPoint 2007 为了方便用户设置动画效果，为文本对象和图形对象分别设置了标准的动画效果。标准动画效果设置比较简单，动画效果也比较简单，设置方法如下：

选中需要设置动画效果的对象（文本框或图片），单击"动画"标签，切换到"动画"选项卡，单击"动画"组中的"动画"下拉列表，如图 6-18 和图 6-19 所示。

图 6-18　文本对象的标准动画效果

图 6-19　图形对象的标准动画效果

标准动画效果中，文本对象的动画效果主要有淡出、擦除和飞入三种，每种效果只有两种情况：整批发送和按第一级段落。图形对象的动画效果只有淡出、擦除和飞入三种。

2．自定义动画效果

自定义动画效果比较丰富，可以设置对象的进入效果、退出效果、强调效果等。用户可以对幻灯片占位符中的项目，或者对段落（包括单个项目符号和列表项）应用自定义动画。

1）"自定义动画"任务窗格

在"自定义动画"任务窗格中可以查看到动画效果的相关信息，包括动画效果的类型、各个动画效果之间的相互顺序及动画效果中的部分文本等，如图 6-20 所示。

> "添加效果"按钮：此按钮可以打开一个下拉菜单，用于设置幻灯片对象的动画效果。
> "删除"按钮：此按钮用于删除已经设置的动画效果。
> "开始"设置项：设置动画效果的激发方式。
> "方向"设置项：设置动画效果的运动方向。
> "速度"设置项：设置动画动作的速度。
> "动画顺序"列表框：显示各个对象动画演示的先后顺序。
> "重新排序"设置区：可以调整各对象的动画演示顺序。
> "播放"按钮：用于演示动画的设置效果。

2）设置对象的进入效果

对象的进入效果是指设置幻灯片放映过程中对象进入放映界面时的动画效果。在 PowerPoint 2007 中设置对象进入效果的操作方法如下：

（1）选中需要设置动画效果的对象，在"动画"选项卡的"动画"组中单击"自定义动画"按钮，打开"自定义动画"任务窗格。此时，可以看见该窗格中的很多项目是灰色的，不能设置。在窗格中有动画设置提示"选中幻灯片的某个元素，然后单击'添加效果'添加动画"，如图 6-21 所示。

图 6-20　"自定义动画"任务窗格

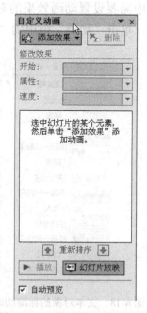

图 6-21　"自定义动画"窗格

（2）单击"添加效果"按钮，然后打开列表的"进入"级联列表中，单击相应的效果，如图 6-22 所示。

（3）如果需要设置其他效果，可以单击"其他效果"选项，打开"添加进入效果"对话框，如图 6-23 所示。此对话框中有多种动画效果，用户可以根据需要进行选择。勾选"预览效果"复选框，选择想要的效果，在幻灯片窗口中即可预览到所选对象应用该动画的效果。单击"确定"按钮后，返回演示文稿中，可以看到所选对象旁边出现了一个数字标记，用来显示其动画顺序，如图 6-24 所示。

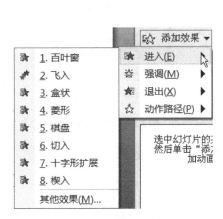

图 6-22　设置进入效果

图 6-23　"添加进入效果"对话框

图 6-24　显示动画顺序

（4）设置开始时间。单击"自定义动画"窗格中"开始"设置项旁的下三角，打开如图 6-25 所示的下拉列表，该下拉列表中有三种设置项：单击时、之前和之后。"单击时"表示必须单击鼠标左键，动画才会进行；"之前"表示在前一个动画开始前启动动画；"之后"表示在前一个动画结束后启动动画。

（5）设置"方向"属性。在"自定义动画"窗格的"方向"下拉列表中选择动画效果的方向，下拉列表中的选择项与选择的动画效果有关系，不同的动画效果，下拉列表有所不同，图 6-26 为设置"擦除"动画效果时的下拉列表。

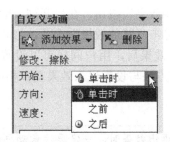

图 6-25　设置动画的激发条件

图 6-26　设置动画的运动方向

（6）修改"速度"属性。在"自定义动画"窗格的"速度"下拉列表中选择动画运动的快慢，速度选择项有 5 项：非常快、快速、中速、慢速和非常慢，如图 6-27 所示。用户可以根据幻灯片演示的效果进行选择。

（7）设置动画的效果选项。在"自定义动画"窗格中单击要设置的动画，在其下拉列表中选择"效果选项"，如图 6-28 所示，打开动画效果对话框，如图 6-29 所示，在其中可以设置动画的效果。

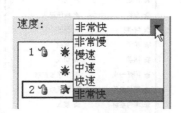

图 6-27　设置动画速度

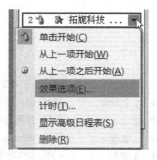

图 6-28　设置动画效果

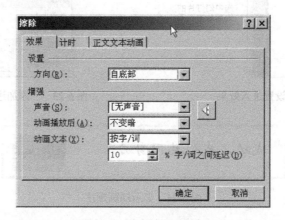

图 6-29　动画效果对话框

3）设置对象的退出效果

对象的退出效果是指设置幻灯片在放映过程中对象退出幻灯片放映界面时的动画效果。一张幻灯片中如果需要展示的内容比较多，但又不能进行幻灯片的切换，可以给已经展示过的幻灯片的内容添加退出效果，再在其所在位置放置其他的内容。在 PowerPoint 2007 中设置对象退出效果的操作方法如下：

选中需要设置退出效果的对象，在"动画"选项卡的"动画"组中单击"自定义动画"按钮，打开"自定义动画"任务窗格。单击"添加效果"按钮，在打开列表的"退出"级联列表中单击相应的效果；或在打开的级联列表中单击"其他效果"选项，打开"添加退出效果"对话框，从中选择合适的效果。设置完退出效果后，用户同样可以设置"开始时间"、"动画属性"、动画的"效果选项"等内容，操作方法与设置进入效果基本相同。

 小秘密

如果一张幻灯片中设置的动画效果比较多，在设置退出效果时，一定要注意动画的顺序。

4）设置动画的强调效果

动画的强调效果是指将幻灯片中的对象在幻灯片中进行形态的变化，起到强调效果以增强对象的表现力。下面通过变换字体颜色介绍在 PowerPoint 2007 中设置对象强调效果的操作方法。

（1）单击"自定义动画"窗格中的"添加效果"按钮，在打开的列表中选择"强调"选项，在级联列表中单击"其他效果"选项，打开"添加强调效果"对话框。

（2）在"添加强调效果"对话框中选择"更改字体颜色"选项，如图 6-30 所示，然后单击"确定"按钮。

（3）返回演示文稿中，在"自定义窗格"的"开始"下拉列表中设置开始时间；打开"自定义窗格"的"字体颜色"下拉列表，如图 6-31 所示，从中选择要使用的颜色；在"自定义动画"窗格中单击要设置的强调效果，在其下拉列表中单击"效果选项"，打开"更改字体颜色"对话框，如图 6-32 所示。在此对话框中可以对更改字体颜色进行比较详细的设置，甚至可以给强调效果设置声音，具体的设置方法请自行尝试。

图 6-30　添加强调效果

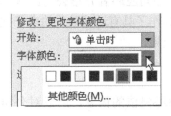

图 6-31　修改字体颜色

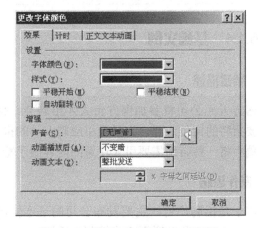

图 6-32　"更改字体颜色"对话框

3．删除、更改和重新排序动画效果

为幻灯片中的对象设置了某种动画效果后，用户有时需要重新设置或删除某一种动画效果，或者更改动画效果发生的先后次序。用户可以通过自定义动画效果窗格对动画的效果进行删除、更改和重新排序的操作。

1）更改动画效果

在"自定义动画"窗格的动画顺序列表中单击要更改的动画效果，如图 6-33 所示。然后单击"更改"按钮，在打开的列表中重新选择动画效果即可实现动画效果的更改。

2）删除动画效果

在"自定义动画"窗格中单击要删除的动画效果，然后单击"删除"按钮，即可完成所选动画效果的删除，如图 6-34 所示。

图 6-33　选中设置对象　　　　　　　　图 6-34　删除动画效果

3）重新排序动画效果

单击想要更改其播放次序的动画效果，然后单击"重新排序"左边或右边的向上或向下按钮，可以看到所选动画效果的次序提前或退后了一位，动画播放顺序因此而改变。

如果要取消设置的动画，在幻灯片窗格中单击包含要取消动画的对象，在"动画"选项卡"动画"组的"动画"下拉列表中，单击"无动画"选项即可。

6.1.4　基础实例

南方天元公司将参加南方市人才招聘会，使用电子屏幕向应聘者介绍公司的基本情况及需要招聘的岗位情况，为了吸引应聘人员的报名，他们制作了具有动画效果的电子文稿，在文稿中将一些特别需要引人注意的内容做了特殊的动画效果。

由于是招聘广告，主要发布公司的基本情况及需要招聘岗位的信息，所以对公司招聘的岗位、公司名称及联系方式等制作强调的效果，以达到吸引应聘者注意的目的。

在计算机上查找文件 3-2.pptx，双击该文件图标启动 PowerPoint 2007，同时打开该演示文稿。

（1）选中第一幅幻灯片中的"天元科技"文本框，单击"动画"标签，切换到"动画"选项卡，单击"动画"组中的"动画"下拉列表，从中选择"擦除"效果中的"整批发送"效果，此时"天元科技"文本框旁出现一个"1"的标记。

（2）单击"动画"组中的"自定义动画"按钮，打开"自定义动画"任务窗格，在此窗格中设置擦除效果的属性，如图 6-35 所示。选中"天元科技"文本框，单击"自定义动画"任务窗格中的"添加动画"按钮，在级联菜单中选择"放大/缩小"效果，在"自定义动画"任务窗格中设置"放大/缩小"效果的属性，如图 6-36 所示。

图 6-35　设置擦除效果的属性

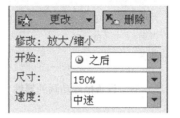

图 6-36　设置放大/缩小效果的属性

（3）选中"天元科技"文本框，单击"自定义动画"任务窗格中的"添加动画"按钮，在"强调"级联菜单中选择"其他效果"，打开"添加强调效果"对话框，从中选择"基本型"中的"陀螺旋"效果，如图 6-37 所示，参照图 6-38 所示设置"陀螺旋"动画效果的属性。

图 6-37　设置陀螺旋动画效果

图 6-38　设置陀螺旋动画的属性

（4）选中"期待您的加盟"文本框，单击"自定义动画"任务窗格中的"添加动画"按钮，在"进入"级联菜单中选择"擦除"效果，并设置其属性，如图 6-39 所示。

（5）切换到第二张幻灯片，标题"公司简介"不设置任何动画效果。选中左侧的图片，单击"自定义动画"窗格中的"添加效果"按钮，在"进入"级联菜单中选择"百叶窗"动画效果，按照图 6-40 所示设置"百叶窗"效果的属性。

（6）选中右侧文本框，设置其"进入"效果为"擦除"，并按图 6-41 所示设置"擦除"动画效果的属性。

（7）切换到第三张幻灯片，"招聘岗位"文本不设置动画效果。选中"区域经理"对象，设置其进入效果为"十字形扩展"，动画属性如图 6-42 所示。再设置该对象"加粗闪烁"的强调效果；下面两个文本框对象设置进入效果为"颜色打字机"，动画属性设置如图 6-43 所示；左下角的图片设置其进入效果为"伸展"，动画属性设置如图 6-44 所示。

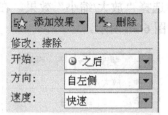

图 6-39　设置擦除动画的属性

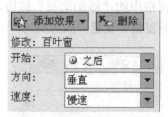

图 6-40　设置百叶窗动画的属性

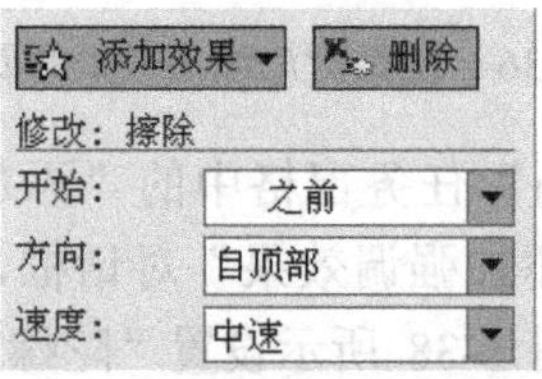

图 6-41　设置擦除动画的属性

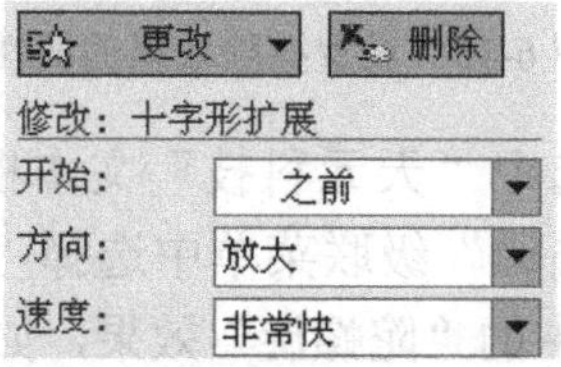

图 6-42　十字形扩展动画属性

图 6-43　颜色打字机动画属性

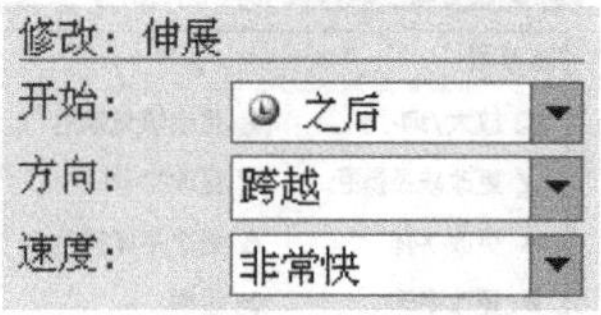

图 6-44　伸展效果动画属性

（8）采用类似于第三张幻灯片的动画效果设置其他幻灯片的动画效果，保存演示文稿。

6.1.5　举一反三

1．请你为第 1 章制作的 1-1.pptx 设置动画效果。要求："热烈欢迎飞鹰篮球队来我校交流比赛！"文本框设置 3 种以上的进入效果；"飞龙篮球队"文本框设置"颜色打字机"的动画效果。

2．请你为第 1 章制作的 1-2.pptx 设置动画效果。要求："端木家和女士"文本框必须设置强调效果，其他对象的动画效果自定。

3．请你为第 1 章制作的 1-3.pptx 和 1-4.pptx 设置动画效果，效果根据内容自定。

6.1.6　技巧与总结

1．将 SmartArt 图形制作成动画

SmartArt 图形在幻灯片中通常以一个整体的形式出现，用户可以将一段动画添加到SmartArt 图形或 SmartArt 图形的单个形状里，以起到强调的作用，增加幻灯片的播放效果。

1）整体添加动画效果

SmartArt 图形整体添加动画效果与文本或图形添加动画效果方法一样，可以添加进入、强调、退出等效果。操作方法如下：

选中 SmartArt 图形对象，打开"自定义动画"窗格，单击"添加效果"按钮，在打开列表的"进入"级联列表中单击"其他效果"选项，在打开的"添加进入效果"对话框中选

择要设置的动画效果，然后单击"确定"按钮，完成 SmartArt 图形进入动画效果的添加。效果如图 6-45 所示。

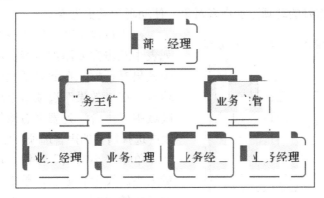

图 6-45　SmartArt 图形的整体动画效果

2）给 SmartArt 图形中的单个形状添加动画效果

给 SmartArt 图形整体设置完动画效果后，在"自定义动画"窗格的动画列表中单击设置动画右侧的下三角按钮，在打开的列表中单击"效果选项"，如图 6-46 所示。打开某个动画效果的属性对话框，在该对话框中选择"SmartArt 动画"选项卡，单击"对图示分组"下三角，打开下拉列表，如图 6-47 所示；从中选择相应的选项，可以设置单个形状的动画效果，如图 6-48 所示。

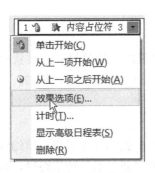

图 6-46　单击"效果选项"

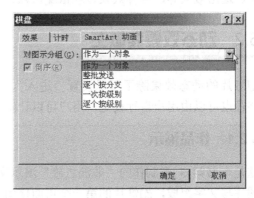

图 6-47　动画效果属性

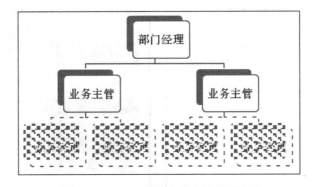

图 6-48　SmartArt 图形的分批动画效果

2. 为动画添加声音对象

用户可以为制作好的动画添加声音对象，使动画效果更为逼真。

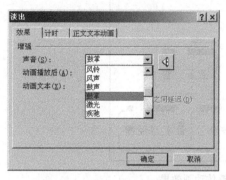

图 6-49　设置动画声音效果

在"自定义动画"任务窗格中的动画效果列表中双击需要添加声音的动画对象，打开动画效果对话框，在此对话框中选中"效果"选项卡；在"效果"选项卡上单击"增强"选项区域中"声音"列表框右侧的下拉按钮，在列表中选择需要的声音选项，如图 6-49 所示。

单击"小喇叭"按钮，可以设置声音的音量大小。设置完成后，单击"确定"按钮返回幻灯片编辑窗口，此时可以欣赏添加声音后的预览效果。

 总结

本节主要介绍了为幻灯片添加动画的基本方法，包括应用标准动画效果、自定义动画效果。动画效果的设置可以使幻灯片的播放更具有活力，更有吸引力。动画效果的设置并不是一成不变的，用户可以根据自己的需要对动画效果进行组合使用，可以设置进入效果、强调效果、退出效果等，各种效果合理搭配可以使幻灯片更具魅力。

6.2　动态效果我做主

幻灯片的动态效果除了可以设置"进入"、"强调"和"退出"等效果外，设置对象的运动路径也可以由用户自行设定，用户可以让幻灯片对象按照指定的路径进行移动。

6.2.1　作品展示

这是本书第 3 章制作的"非洲之旅"演示文稿，总共由 6 张幻灯片组成。该幻灯片主要由图片与文字组成，幻灯片的第一个页面使用了系统预设的"新月形"动作路径，其他页面使用了自定义动作路径，如图 6-50 所示。

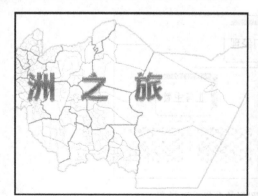

图 6-50　设置了自定义动作路径的动画效果

6.2.2　操作方法

在计算机上查找文件 3-3.pptx，双击该文件图标启动 PowerPoint 2007，同时打开该演示文稿，将其另存为 6-3.pptx。

（1）调整幻灯片的显示比例，将"非洲之旅"文本框的内容移到幻灯片的外部，如图 6-51 所示。

图 6-51　移动要设置的对象

（2）选中"非洲之旅"文本框，单击"自定义动画"任务窗格中的"添加效果"按钮，在级联菜单中选择"动作路径"到"其他动作路径"，打开如图 6-52 所示的"添加动作路径"对话框。从中选择"S 形曲线 1"效果，此时幻灯片中会出现一条动作轨迹，如图 6-53 所示。

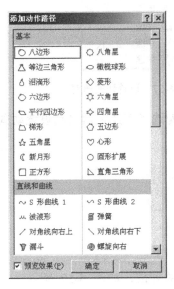

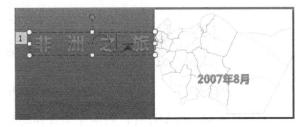

图 6-52　"添加动作路径"对话框　　　　　　图 6-53　动作轨迹

（3）选中动作轨迹，将其结束位置调整到幻灯片的中间，如图 6-54 所示。在"自定义动画"窗格中设置动画效果的属性，如图 6-55 所示。

（4）选中"2007 年 8 月"文本框，设置其动画效果为"进入"中的"百叶窗"效果，"开始"为"之后"，"速度"为"非常快"。

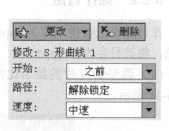

图 6-54   调整动作轨迹   图 6-55   设置动画属性

（5）单击"动画"选项卡"切换到此幻灯片"组中"切换方案库"旁边的"其他"按钮，打开如图 6-56 所示的切换方案库。在该切换方案库中选择要设置的切换方案，这里选择"淡出和溶解"中的"向右擦除"效果；在"切换到此幻灯片处"组的"切换速度"下拉列表中单击"中速"选项，如图 6-57 所示。

图 6-56   切换方案库   图 6-57   设置切换速度

（6）在"切换到此幻灯片处"组的"换片方式"区中勾选"在此之后自动设置动画效果"复选框，并设置时间为 2s，如图 6-58 所示。

图 6-58   设置换片方式

（7）切换到第二张幻灯片，将两张图片移动到幻灯片的外部，如图 6-59 所示。选中"角马"文本框，设置其动画为"进入"效果中的"十字形扩展"，"开始"为"之后"，"方向"为"放大"，速度为"中速"。选中"角马"图片，然后单击"添加效果"按钮，在打开的列表中指向"动作路径"选项，在打开的级联列表中指向"绘制自定义路径"选项，然后选择路径类型为"直线"，此时鼠标光标变成十字形，将光标移动到图片上，按下鼠标左键，绘制一条直线到幻灯片中，如图 6-60 所示。预览一下动画效果，对图片的结束点进行修正。

图 6-59　调整原幻灯片图片位置

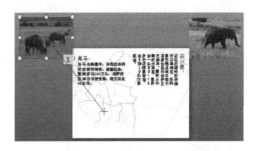
图 6-60　绘制动作路线

（8）采用同样的方式设置"非洲象"的文本与图片的动画效果，完成设置后的幻灯片如图 6-61 所示。采用与第一张幻灯片相同的换片方式设置幻灯片的切换。

（9）在"自定义动画"窗格中的动画顺序列表中，单击"图片 1"旁的下三角，在打开的快捷菜单中选择"计时"选项，打开"自定义路径"对话框，如图 6-62 所示。在此对话框中，设置延迟为"1 秒"，速度为"中速（2 秒）"，重复为"2 次"；同样地，设置图片 2 的计时效果。

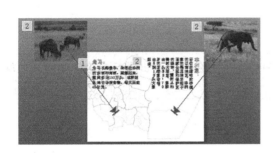
图 6-61　设置完动画效果后的幻灯片

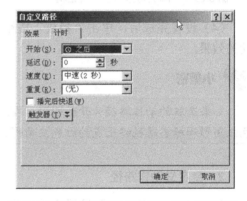
图 6-62　"自定义路径"的"计时"设置窗口

（10）采用类似的操作方法完成其他幻灯片动画效果的设置后，保存演示文稿。

6.2.3　技术点睛

1．应用预设动作路径

为了方便用户设计，在 PowerPoint 2007 中包含了各种动作路径，如曲线、直线、基本图形和特殊图形等。为幻灯片对象应用预设动作路径的具体操作方法如下：

（1）选中需要设置动画效果的幻灯片对象，在"自定义动画"任务窗格中单击"添加效果"按钮，在打开列表的"动作路径"级联列表中单击"其他动作路径"选项，打开如图 6-63 所示的"添加动作路径"对话框。

（2）在打开的"添加动作路径"对话框中勾选"预览效果"复选框，单击选中要应用的动作路径，然后单击"确定"按钮，返回演示文稿中，可以看到所选形状上出现动作路径，在动作路径上还有标志开始和结束点的绿色三角形，如图 6-64 所示。

（3）选中设置的动作路径，在其周围会出现控点，用户可以通过控点来移动或调整动作路径的位置，还可以改变动作路径的大小。

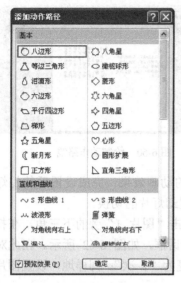

图 6-63   "添加动作路径"对话框

图 6-64   动画动作路径

（4）设置完成后，单击"播放"按钮，就可以看到所选形状按设置的路径动作进行移动的效果。

    小秘密

> 如果选取的动作路径为开放图形，即起点和终点不重合，则会出现标志路径起始点的绿色三角形和标志路径终止点的红色三角形。

2. 自定义动作路径

PowerPoint 2007 中预设了多种动作路径，但有时用户还是想按照自己的意图绘制路径，这时就可以自定义动作路径。

（1）选中要设置自定义路径的形状，然后在"自定义动画"窗格中单击"添加效果"按钮，在打开的列表中指向"动作路径"选项，在打开的级联列表中指向"绘制自定义路径"选项，然后选择路径类型为"直线"。

（2）待光标变为十字形时，在幻灯片上预定作为直线起始点的位置处单击，按住鼠标左键拖动至预定作为直线结束点的位置处，如图 6-65 所示。

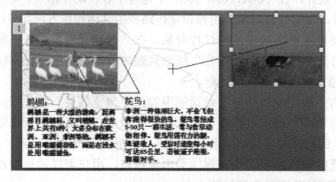

图 6-65   绘制动作路线

（3）在终点位置处双击后，即完成了自定义路径的绘制。播放动画后可以看到所选对象会按照绘制的路径动作进行移动。

3．使用计时效果

用户设置了动画后，还可以选择不同的时间来控制这些动画的运动，如开始时间、触发时间、速度及是否重复等。

在"自定义动画"窗格中的动画顺序列表中，单击某个对象旁的下三角，在打开的下拉菜单中选择"计时"选项，打开"自定义路径"对话框，如图 6-66 所示。

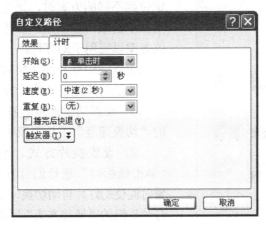

图 6-66　"自定义路径"对话框

在此对话框中，可以设置动画的启动方法、延迟时间、播放速度及播放次数等项目。

（1）设置动画的启动方法。单击"开始"下拉列表框旁的下三角按钮，打开的列表中有 3 个选项："单击时"、"之前"和"之后"。"单击时"表示动画的启动是单击鼠标；"之前"表示动画的启动是在前一个动作启动之前，通常用来设置两个动作要同时进行的后一个动作；"之后"表示动画的启动是在前一个动作结束之后。

（2）设置延迟时间。该设置项主要用于设置用户在启动动画和动画正式运行之间加入一段时间间隔。单击"延迟"数值框右侧的微调按钮，可以增大或减小时间间隔，也可以直接在其中输入数值。

（3）设置播放速度。单击"速度"下拉列表框旁的下三角按钮，在打开的下拉列表中选择动画运行的时间，也可以直接在其中输入数值，然后单击"确定"按钮。

如果用户勾选"播完后快退"复选框，则动画对象在动画效果演示完成后将在幻灯片中消失。

4．设置幻灯片的切换

幻灯片的切换是指在放映幻灯片时，一张幻灯片显示完毕后，设置下一张幻灯片以某种特殊方式显示在屏幕上。幻灯片的切换是在"动画"选项卡的"切换到此幻灯片"中设置的，各工具按钮如图 6-67 所示。

设置幻灯片切换效果的操作方法如下：

（1）打开 PowerPoint 演示文稿，切换到需要设置幻灯片切换效果的幻灯片，单击"动画"选项卡的"切换到此幻灯片"组中的"切换方案库"旁边的"其他"按钮，打开如

图 6-68 所示的切换方案库。

图 6-67   设置幻灯片切换的工具

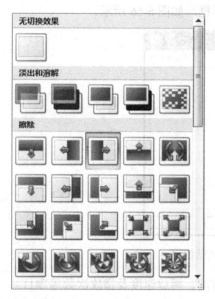

图 6-68   幻灯片切换方案库

（2）在方案库中选择合适的切换效果，当鼠标定位到不同的方案时，该方案的切换效果会在屏幕上显示出来，以供用户参考，用户确定时可以单击该方案以应用于幻灯片。

设置完幻灯片的切换效果后，用户还可以设置幻灯片的切换速度、换片方式、切换声音等项目。

① 设置切换速度。在"切换到此幻灯片"组的"切换速度"下拉列表中选择需要的切换速度。

② 设置换片方式。系统默认的换片方式为"单击鼠标时"进行幻灯片的切换，用户也可以设置时间使幻灯片自动切换，方法是勾选"切换到此幻灯片"组的"换片方式"区中的"在此之后自动设置动画效果"复选框，然后在其右侧的数值框中输入时间，如图 6-69 所示。

③ 设置切换声音。单击"切换到此幻灯片"组的"切换声音"下拉列表框旁边的下三角按钮，在打开的列表中选择要设置的声音，如图 6-70 所示。当鼠标移动到各个声音效果上时，系统发出该声音的效果，以供用户有选择地选用。

图 6-69   设置换片方式

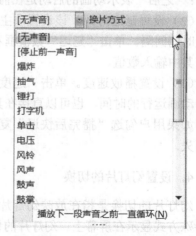

图 6-70   系统内置的声音效果

④ 设置所有幻灯片使用切换效果。如果用户想把所设置的幻灯片切换效果应用到所有幻灯片中，可以单击"切换到此幻灯片"组中的"全部应用"按钮，则演示文稿中的所有幻灯片都使用同一种幻灯片的切换效果。

　　⑤ 删除幻灯片切换效果。如果用户要删除幻灯片的切换，可以单击要删除切换效果的幻灯片，在"动画"选项卡的"切换到此幻灯片"组中单击"无切换效果"选项；如果要删除全部幻灯片切换效果，在"切换到此幻灯片"组中单击"无切换效果"选项，再单击"全部应用"按钮即可。

6.2.4　基础实例

情景描述

　　2008 年 5 月 12 日，我国的四川省发生了 8 级大地震，给四川人民带来了巨大的灾难，也给四川的旅游业带来了毁灭性的打击，美丽四川的很多地方变成了一片废墟。好地旅行社业务经理制作了一个简短的四川旅游宣传片向广大客户宣传四川之美，以支援四川的灾后重建。为了展示四川雄起的决心，宣传片中使用了大量的动画效果，烘托了主题，渲染了气氛，部分效果如图 6-71 所示。

图 6-71　幻灯片播放效果

制作思路

　　由于是宣传广告，主要宣传四川省的旅游信息，而四川刚刚发生过地震，所以在制作幻灯片动画效果时需要充分表达四川雄起的主题，动画效果的设置考虑使用正弦波效果表示地震，弹簧效果表示雄起的效果。

操作过程

　　在计算机上查找文件 3-4.pptx，双击该文件图标启动 PowerPoint 2007，同时打开该演示文稿，另存为 6-4.pptx 文稿。

　　（1）选中第一幅幻灯片中的"四川雄起"文本框，将其移动到幻灯片的外部，如图 6-72 所示。单击"动画"标签切换到"动画"选项卡，单击"动画"组中的"自定义动画"按钮，打开"自定义动画"任务窗格。选中"四川雄起"文本框，单击"自定义动画"任务窗格中的"添加效果"按钮，在级联菜单中选择"动作路径"中的"其他动作路径"，打开"添加动作路径"对话框，从中选择"弹簧"效果，此时幻灯片中会出现一个"弹簧"路径线，如图 6-73 所示。

　　（2）由于此路径线的起始点在上部，而终止点在下部，这样动作对象的运动是从上向下的，因此需要将其调整为从下向上运动，以表示四川雄起的意愿。光标指向绿色控制点，变成圆形时，按下鼠标左键，将动作路径整体做一个 180° 的旋转，如图 6-74 所示。

图 6-72　移动设置对象　　　　　　　　图 6-73　添加动作路径

图 6-74　旋转动作路径

图 6-75　调整动作路径的幅度

（3）由于动作路径的大小不符合要求，故也需要对其进行调整。将光标对准动作路径的控制点，将动作路径调大，调整后的效果如图 6-75 所示。设置动画"开始"属性为"之前"，"速度"属性为"非常慢"。单击"播放"按钮，可以看到"四川雄起"四个字从底部按照指定的动作路径向上方升起，到幻灯片的中上部停止。

（4）切换到第二张幻灯片，设置上部文本框内容的动画效果为"进入"效果基本型中的"轮子"效果，并设置其"开始"属性为"之前"，"辐射状"属性为"8"，"速度"属性为"非常慢"。

（5）将两幅图片移动到幻灯片的左右两侧，如图 6-76 所示，选中左侧的图片，单击"添加效果"按钮，在级联菜单中选择"动作路径"中的"其他动作路径"，打开"添加动作路径"对话框，在此对话框中选择"正弦波"效果，并调整动作路径的大小。同理，设置右侧图片的"正弦波"效果，将右侧图片的动作路径旋转 180°，将起始点和终止点对调，并调整动作路径的大小。两幅图片的动作属性均设置如下："开始"为"之前"，"速度"为"非常慢"，最终的效果如图 6-77 所示。

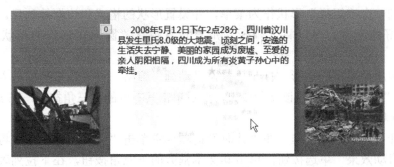

图 6-76 调整图片的位置

图 6-77 图片添加动作的效果

（6）单击"播放"按钮，可以看到幻灯片上部的文本内容像车轮一样慢慢展开，与此同时，两幅图片分别从左右以正弦波波动方式慢慢出现在幻灯片中，以显示是地震给四川人民带来灾难。

（7）采用与第一、第二张幻灯片相同的操作方式完成其他幻灯片的动画设计，保存演示文稿。

6.2.5 举一反三

1. 请你为第 5 章制作的 5-1.pptx 设置动画效果。要求：幻灯片中的 SmartArt 图形要应用计时效果，并要设计幻灯片的切换效果。

2. 完成 6-3.pptx、6-4.pptx 演示文稿其他幻灯片动画效果的制作。

3. 请你为第 5 章制作的 5-3.pptx 设置动画效果。要求：幻灯片中的 SmartArt 图形要应用计时效果，并要设计幻灯片的切换效果。

6.2.6 技巧与总结

1. 利用触发器制作下拉菜单

制作演示文稿时，通过下拉菜单可以很方便地实现幻灯片的跳转，在幻灯片中制作下拉菜单可以利用触发器来实现。

（1）在幻灯片中插入"圆角矩形"形状，并设置形状格式。在形状上编辑文字，并设置文字格式。

（2）绘制一个"矩形"形状作为菜单，并设置形状的格式和边框等项目。为了使两个形状能够很好地连接，可以将"矩形"形状设置得比"圆角矩形"的形状低一层，如图 6-78 所示。

（3）选中用做菜单的矩形，打开"自定义动画"窗格，设置该矩形的进入效果为"切入"，方向为"自顶部"，单击该动画效果，然后单击其右侧的下三角按钮，在下拉列表中单击"计时"选项。

（4）打开"切入"对话框，在"计时"选项卡中单击"触发器"按钮，再选中"单击下列对象时启动效果"单选按钮，单击其文本框旁的下三角按钮，在下拉列表中选择"目录"选项，然后单击"确定"按钮，如图 6-79 所示。

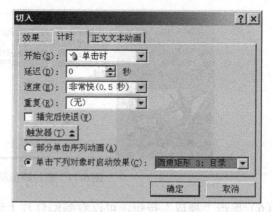

图 6-78　菜单外形　　　　　　　　　　图 6-79　设置菜单的触发条件

（5）再选中矩形，为其设置退出效果为"切出"，方向为"到顶部"，单击该动画效果，然后单击其右侧的下三角按钮，在下拉列表中单击"计时"选项。

（6）打开"切出"对话框，在"计时"选项卡中单击"触发器"按钮，再选中"单击下列对象时启动效果"单选按钮，单击其文本框旁的下三角按钮，在下拉列表中选择"目录"选项，然后单击"确定"按钮。

（7）在矩形中输入文本内容，作为菜单项，并设置文本格式，如图 6-80 所示。

（8）单击"幻灯片放映"按钮，放映幻灯片，用鼠标指向"目录"，此时鼠标形状变成手形，单击鼠标，菜单会从上向下拉出，再次单击鼠标，菜单会从底部向上收起，如图 6-81 所示。至此，实现了菜单的效果，但还没有实现菜单的功能，菜单的功能将在学习超链接以后实现。

图 6-80　制作菜单项　　　　　　　　　图 6-81　菜单动态效果

2．超链接的使用

在演示文稿中用户可以给任何文本或其他对象（图片、图形、表格等）添加超链接，使单击该对象或者鼠标指针置于该对象上时能够直接转到其他位置，用户还可以创建到其他应用程序或者另一个演示文稿的超链接。

（1）选中要添加链接的对象，单击"插入"标签，单击"插入"选项卡"链接"组中的"超链接"按钮，如图 6-82 所示，打开"插入超链接"对话框。

（2）在"插入超链接"对话框的"链接到"列表中选择超链接的类型，系统共提供了 4 种超链接的类型：原有文件或网页、本文档中的位置、新建文档、电子邮件地址，如图 7-83 所示。

图 6-82　单击"超链接"

图 6-83　"插入超链接"对话框

（3）选择"新建文档"选项，在"新建文档名称"文本框中输入文档名称，在"何时编辑"项中选择"以后再编辑新文档"单选项，如图 6-84 所示。

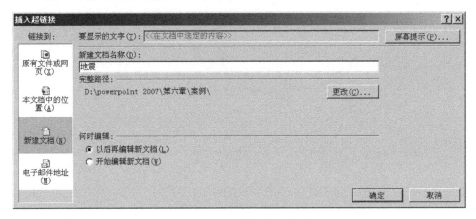

图 6-84　设置链接到新建文档

（4）单击"屏幕提示"按钮，打开"设置超链接屏幕提示"对话框，在该对话框的"屏幕提示文字"文本框中输入提示内容，如图 6-85 所示，单击"确定"按钮返回"插入超链接"对话框，单击"确定"按钮完成超链接的设置。

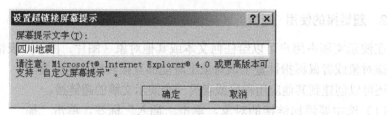

图 6-85　设置超链接的屏幕提示

总结

　　本节主要介绍了为幻灯片添加动画的特殊方法，包括应用设置动作路径、设置时间效果、设置幻灯片的切换效果及使用动画效果实现下拉菜单的制作方法。通过本节的学习，可以丰富幻灯片动态效果的制作技术，制作具有特殊动态效果的幻灯片，给幻灯片的演示提供更精彩的效果。

第7章　在幻灯片中插入媒体剪辑

✏️ **内容导读**

　　幻灯片动画效果的设置为幻灯片添加了一定的活力，如果需要在幻灯片中突出显示主题，则可以在幻灯片中添加媒体剪辑。媒体剪辑包括声音和影片等。在幻灯片中添加适当的声音和影片，可以使幻灯片变得更加具有观赏性和感染力。

7.1　有声音的演示文稿

　　演示文稿通常是由演讲者边解说边播放的，但也有一部分演示文稿需要设置为自动播放，这些演示文稿就需要用户为其配置一些音乐或对文稿内容的解说。如开会间隙放映一些单位介绍、欢迎词、庆祝词等类型的演示文稿，可以添加一些轻松愉悦的音乐；自动播放的产品介绍可以配置产品性能的解说声音等。

7.1.1　作品展示

　　这是本书第 5 章第 1 节中制作的幻灯片，总共由 3 张页面组成。下面在这 3 张幻灯片的基础上添加音乐效果，并设置音乐的控制按钮，效果如图 7-1 所示。

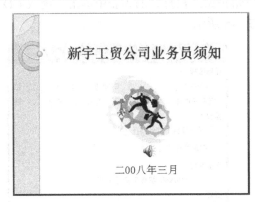
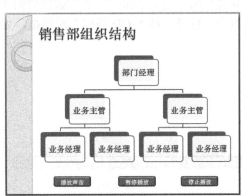

图 7-1　演示文稿示例

7.1.2　操作方法

　　在计算机上查找文件 5-1.pptx，双击该文件图标启动 PowerPoint 2007，同时打开该演示文稿，将其另存为 7-1.pptx。

（1）打开第一幅幻灯片，单击"插入"标签，切换到"插入"选项卡。在"插入"选项卡的"媒体剪辑"组中直接单击"声音"按钮，如图7-2所示。

（2）在打开的下拉列表中选择"文件中的声音"，打开如图 7-3 所示的"插入声音"对话框。

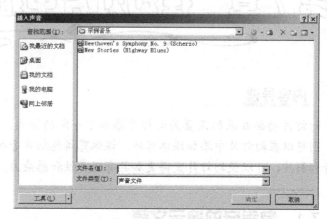

图 7-2　插入声音　　　　　　　　　　图 7-3　"插入声音"对话框

（3）在"插入声音"对话框中，查找所需声音文件所在的位置，选中要添加的文件，然后单击"确定"按钮。

（4）单击"确定"按钮后，屏幕上会出现显示消息的对话框。若要在放映幻灯片时自动开始播放声音，则单击"自动"按钮，若要人工控制声音的播放，则单击"在单击时"按钮，如图 7-4 所示。

（5）返回幻灯片中，可以看到添加的声音图标。如果用户放映幻灯片，则所设置的声音会自动播放出来。

（6）在计算机的光驱中放入需要的 CD 光盘，切换到第 2 张幻灯片。在"插入"选项卡的"媒体剪辑"组中单击"声音"按钮旁的下三角按钮，在打开的列表中单击"播放 CD 乐曲"选项，打开"插入 CD 乐曲"对话框，如图 7-5 所示。

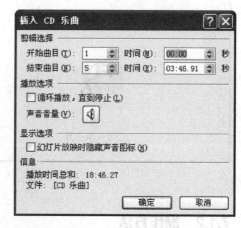

图 7-4　设置声音播放方式　　　　　　　图 7-5　插入 CD 乐曲

（7）在该对话框中设置"开始曲目"和"结束曲目"。如果要循环播放乐曲，则勾选"循环播放，直到停止"复选框。单击"声音音量"按钮，可以调节音量的大小。在"显示选项"选项区勾选"幻灯片放映时隐藏声音图标"复选框，则放映时幻灯片上不会显示声音图标。单击"确定"按钮，系统会打开如图 7-4 所示的显示提示消息的对话框，单击"自动"按钮，完成 CD 音乐的插入并返回幻灯片中，此时幻灯片上会出现一个 CD 音乐的标志。

（8）单击"开始"标签，切换到"开始"选项卡。单击该选项卡"绘图"组中的形状按钮，打开形状列表，从中选择"圆角矩形"形状，在幻灯片中绘制一个大小适当的圆角矩形。选中圆角矩形，单击鼠标右键，在快捷菜单中选择"编辑文字"命令，在"圆角矩形"中输入"播放声音"文字。

（9）单击"绘图"组中的"形状效果"按钮，在打开的"形状效果"列表中选择"棱台"中的"圆"效果，如图 7-6 所示。设置完成后，单击"开始"标签，切换到"开始"选项卡，选中圆角矩形，单击"开始"选项卡的"剪贴板"组中的"复制"按钮，再单击"粘贴"按钮两次，将圆角矩形

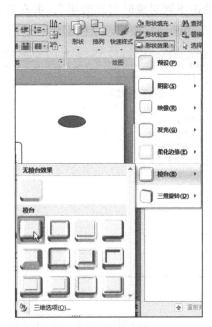

图 7-6　设置形状效果

在幻灯片中粘贴两次，调整圆角矩形的位置并修改两个圆角矩形中的文本内容，效果如图 7-7 所示。

（10）选中幻灯片中的"CD"图标，单击"动画"标签，切换到"动画"选项卡，单击"自定义动画"按钮，打开"自定义动画"任务窗格。在该任务窗格中单击"添加效果"按钮，在级联菜单中选择"声音操作"中的"播放"效果。

（11）单击动画项目列表中"CD 乐曲"项目旁的向下箭头，在打开的下拉菜单中选择"计时"命令，如图 7-8 所示，打开"播放 CD 乐曲"对话框，如图 7-9 所示。单击"触发器"按钮，选择"单击下列对象时启动效果"，并在右侧的下拉列表中选择"圆角矩形 4:播放声音"对象，如图 7-10 所示。

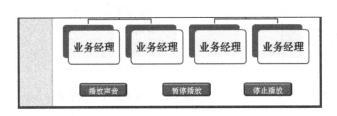

图 7-7　添加控制按钮

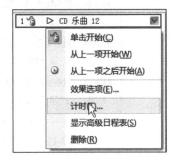

图 7-8　设置动画效果

（12）单击"确定"按钮返回幻灯片编辑窗口，再次选中幻灯片中的"CD"图标，单击"自定义动画"窗格中的"添加效果"按钮，在级联菜单中选择"声音操作"中的"暂停"效果。在动画效果列表中选中该动画对象，单击"CD 乐曲"项目旁的向下箭头，在打开的下拉菜单中选择"计时"命令，打开"播放 CD 乐曲"对话框。单击"触发器"按钮，选择

"单击下列对象时启动效果",并在右侧的下拉列表中选择"圆角矩形 5:暂停播放"对象,单击"确定"按钮,返回幻灯片窗口。用同样的方法设置音乐的停止播放。

图 7-9   "播放 CD 乐曲"对话框

图 7-10   设置乐曲播放的触发条件

动画效果设置完成后,自定义动画任务窗格的动画效果列表如图 7-11 所示。

(13) 切换到第三张幻灯片,采用与第二张幻灯片基本相同的操作,完成第三张幻灯片音乐的添加。

(14) 单击"幻灯片放映"标签,切换到"幻灯片放映"选项卡。单击"开始放映幻灯片"组中的"从头开始"按钮,此时新保存的演示文稿将从第一张幻灯片开始放映。边放映边查看幻灯片的放映效果,如果有不满意的地方,可以在幻灯片放映过程中单击鼠标右键,在快捷菜单中选择"结束放映"命令,如图 7-12 所示,结束幻灯片的放映,对不满意的地方进行编辑修改。

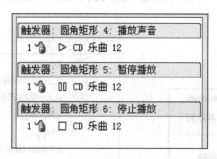

图 7-11   动画效果列表

图 7-12   结束幻灯片的放映

(15) 修改完成后,单击"幻灯片放映"标签,切换到"幻灯片放映"选项卡。单击"开始放映幻灯片"组中的"从当前幻灯片开始"按钮,如图 7-13 所示,即可从当前幻灯片开始放映。用户也可以单击幻灯片窗格下方视图按钮中的"幻灯片放映"按钮 ,也可以从当前幻灯片开始放映。

(16) 幻灯片修改完成后,用户可根据需要设置幻灯片的放映方式。单击"幻灯片放映"选项卡"设置"组中的"设置幻灯片放映"按钮，在打开的"设置放映方式"对话框中选择放映类型，如图 7-14 所示。

图 7-13　放映幻灯片

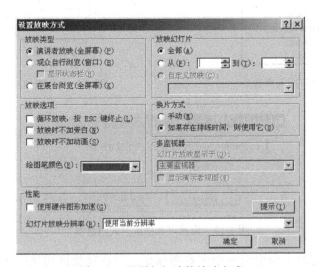

图 7-14　设置幻灯片的放映方式

（17）选中"演讲者放映（全屏幕）"单选按钮，选中"全部"单选按钮，"换片方式"设置为"手动"，单击"确定"按钮完成幻灯片放映的设置。

7.1.3　技术点睛

1．使用剪辑管理器中的声音

在前面的学习中曾经介绍过剪辑管理器的使用，剪辑管理器可以添加和管理任何 Microsoft Office 程序中的媒体剪辑（图片、声音、动画或影片）。为幻灯片添加剪辑管理器中声音的具体操作步骤如下：

（1）打开需要添加声音的演示文稿，单击"插入"标签，切换到"插入"选项卡，单击该选项卡"媒体剪辑"组中"声音"按钮旁的下三角按钮，在打开的列表中单击"剪辑管理器中的声音"选项，如图 7-15 所示。

（2）系统打开"剪贴画"任务窗格，此时"剪贴画"任务窗格中已经显示了剪辑管理器中所管理的声音剪辑，如图 7-16 所示。

（3）在"剪贴画"窗格中找到所需的声音剪辑，然后单击该声音剪辑，系统会弹出一条提示消息，询问以何种方式开始播放声音——是自动开始播放，还是单击声音时开始播放，如图 7-17 所示。如果要通过在幻灯片中单击声音来手动播放，则单击"在单击时"按钮。

图 7-15　插入声音　　　　　　　　　　　　图 7-16　"剪贴画"任务窗格

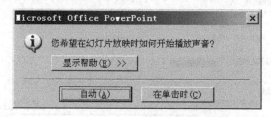

图 7-17　设置声音播放方式消息框

（4）此时，幻灯片上会出现一个声音图标 ，并在功能区增加一个"声音工具"上下文选项卡，如图 7-18 所示。

图 7-18　声音工具

（5）声音图标在幻灯片中非常小，用户可以移动声音图标的位置，改变其大小，操作方法与操作形状的方法相同。在"声音工具 - 选项"选项卡的"播放"组中单击"预览"按钮，可以听到所设置的声音效果。

 小秘密

　　双击声音图标，也可以听到该声音效果。如果用户想删除设置的声音效果，选中该声音图标，然后按下键盘上的 Delete 键即可。
　　如果用户在幻灯片中添加了多个声音，则这些声音图标会叠加在一起，并按照添加顺序依次播放。如果希望每个声音都在单击时播放，可在插入声音后拖动声音图标，使它们互相分开。

2．从文件中添加声音

剪辑管理器中的声音有时并不能满足实际的需求，这时用户可以从其他的声音文件中添加想要的各种声音。为了防止可能出现的链接问题，向演示文稿添加声音之前，最好先将声音文件复制到演示文稿所在的文件夹。

在"插入"选项卡的"媒体剪辑"组中单击"声音"按钮，打开如图 7-19 所示的"插入声音"对话框，找到所需文件的位置，选中要添加的声音文件，单击"确定"按钮，系统会给出一个消息框，要求用户确定声音播放的方式，设置完成后返回幻灯片中可以看到添加的声音图标，完成从文件添加声音的操作。

图 7-19　"插入声音"对话框

3．插入 CD 音乐

在幻灯片中插入 CD 乐曲，在以后放映时，在光驱中放入相应的 CD 光盘就可以自动播放 CD 乐曲。插入 CD 音乐的方法如下：

在"插入"选项卡的"媒体剪辑"组中单击"声音"按钮旁的下三角按钮，在打开的列表中单击"播放 CD 乐曲"选项，打开"插入 CD 乐曲"对话框，如图 7-20 所示。在此对话框中设置"开始曲目"和"结束曲目"；如果需要循环播放乐曲，则勾选"循环播放，直到停止"复选框；单击"声音音量"按钮，可以调节音量的大小；在"显示选项"区中勾选"幻灯片放映时隐藏声音图标"复选框，则幻灯片放映时不会显示声音图标。设置完成后单击"确定"按钮，打开显示提示的消息对话框，从中设置是"自动"还是"在单击时"播放 CD 乐曲。设置完成返回幻灯片编辑窗口，可以看到幻灯片中出现一个 CD 图标。

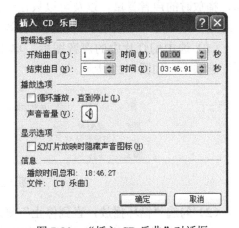

图 7-20　"插入 CD 乐曲"对话框

在幻灯片中插入 CD 乐曲时需要注意，幻灯片播放时会依赖于 CD 光盘的存在，如果所插入的 CD 光盘不在计算机的光驱中，插入 CD 音乐的功能将会失效，幻灯片播放也得不到音乐效果。

4．录制声音

除了使用剪辑管理器中的声音和从文件中添加声音，用户还可以在演示文稿中自己录制声音。具体操作方法如下：

在"插入"选项卡的"媒体剪辑"组中单击"声音"按钮旁的下三角按钮，在打开的列表中选择"录制声音"选项，打开"录音"对话框，如图 7-21 所示。

图 7-21   "录音"对话框

在"名称"文本框中输入本次录音的名称，单击红色的录音按钮即可开始录音。使用此种方法录音的时间长短主要受硬盘剩余空间的限制。录制完成单击蓝色停止按钮，即可完成声音的录制工作。

如果用户想试听录音的效果，可以单击三角形的播放按钮试听。如果对录制的声音满意，可以单击"确定"按钮；否则可以单击"取消"按钮，重新进行操作。单击"确定"按钮后，返回幻灯片中，可以看到幻灯片中出现声音图标，单击该声音图标即可播放所录制的声音。

5．设置声音效果

在幻灯片中添加好声音后，用户可以调整声音文件的设置，如设置其开始播放的时间、播放时的声音音量，以及可以只在一张幻灯片放映期间连续连接播放某个声音，或者可以跨越多张幻灯片连接播放。设置声音效果的具体操作步骤如下：

（1）选中幻灯片中的声音图标，单击"声音工具 - 选项"标签，打开"声音工具 - 选项"选项卡，如图 7-22 所示。

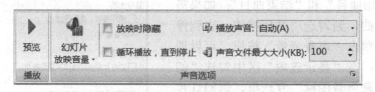

图 7-22   声音工具栏

（2）勾选"循环播放，直到停止"复选框，可以设置音乐的循环播放。

（3）单击"幻灯片放映音量"按钮，可以打开一个设置音量大小的下拉列表，在此列表中可以设置音量的中、低、高和静音，默认设置为"中"。

（4）在"动画"选项卡的"动画"组中，单击"自定义动画"按钮，打开"自定义动画"窗格。在该窗格中单击"自定义动画"列表中所选声音右侧的下三角按钮，然后在打开的列表中单击"效果选项",打开"播放声音"对话框。

(5)如图 7-23 所示,在此对话框的"效果"选项卡中可以设置声音播放的开始与结束时间,如在"开始播放"选项区中选中"从头开始"单选按钮,然后在"停止播放"选项区中选中"在"单选按钮,并在其后的数值框中输入 3,表示播放完第 3 张幻灯片时停止声音。

(6)单击"声音设置"标签,切换到"声音设置"选项卡,如图 7-24 所示,在此选项卡中可以设置声音的音量、查看声音信息等项目。

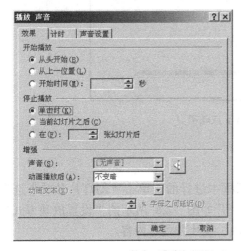

图 7-23   "效果"选项卡

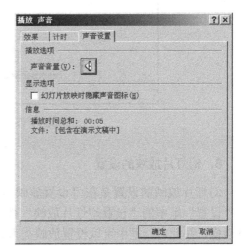

图 7-24   "声音设置"选项卡

6. 启动幻灯片放映

在 PowerPoint 2007 中有两种启动幻灯片放映的方式,一种是启动幻灯片的放映,另一种是将演示文稿在保存的时候设置为自动放映的类型。具体的设置方法和步骤如下:

(1)从头开始放映幻灯片。打开演示文稿,单击"幻灯片放映"标签,切换到"幻灯片放映"选项卡。单击"开始放映幻灯片"组中的"从头开始"按钮,即可从演示文稿的第 1 张幻灯片开始放映。

(2)从当前幻灯片开始放映。单击"开始放映幻灯片"组中的"从当前幻灯片开始"按钮,即可从当前幻灯片开始放映。用户也可单击幻灯片窗格下方视图按钮中的"幻灯片放映"按钮 ，也可以从当前幻灯片开始播放。

7. 设置自动放映类型

用户可以将演示文稿在保存的时候设置为自动放映类型,这样当再次打开演示文稿时即可自动放映幻灯片。具体的操作方法如下:

(1)单击"Office 按钮",在打开的菜单中指向"另存为"命令,在展开的级联菜单中单击"PowerPoint 放映"命令。

(2)在打开的"另存为"对话框的"保存类型"下拉列表框里默认的是"PowerPoint 放映"选项,选择文件要保存的位置,输入文件名,然后单击"确定"按钮,如图 7-25 所示。此时,退出 PowerPoint,找到刚才保存的文件,双击该文件,即可开始自动放映幻灯片。

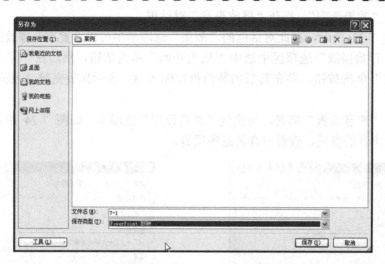

图 7-25　保存为 PowerPoint 放映类型

8. 幻灯片放映的设置

幻灯片放映的设置是在"设置放映方式"对话框中进行的。单击"幻灯片放映"选项卡"设置"组中的"设置幻灯片放映"按钮，可以打开如图 7-26 所示的"设置放映方式"对话框，在此对话框中可以设置放映类型、放映选项、换片方式等内容。

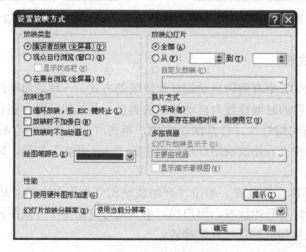

图 7-26　设置放映方式

9. 幻灯片的 3 种放映方式

幻灯片的放映方式有 3 种，可以满足用户在不同场合使用。这 3 种放映方式分别为观众自行浏览方式、演讲者放映方式和在展台浏览方式。放映方式的设置是在"设置放映方式"对话框中进行的。

（1）演讲者放映方式

演讲者放映方式是最常见的一种放映方式，该方式是将演示文稿进行全屏幕放映。在此种方式下，演讲者根据自己演讲内容的需要控制幻灯片的播放节奏，演讲者对幻灯片具有完整的控制权。可以采用自动或手动方式进行放映，也可以将演示文稿暂停播放，在幻灯片上进行标注，还可以在放映过程中录制旁白等。通常情况下，演讲者都是使用手动方式进行放映。

（2）观众自行浏览方式

观众自行浏览方式适用于小规模演示，在这种方式下，演示文稿出现在一个小型窗口内，用户可以拖动滚动滑块从一张幻灯片移动到另一张幻灯片，如图 7-27 所示。

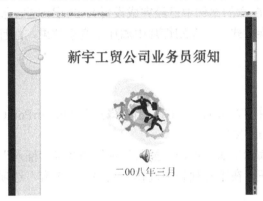

图 7-27　观众自行浏览方式

（3）在展台浏览方式

这种方式适用于展览会场或会议。在这种方式下，演示文稿通常设置为自动放映，并且大多数控制命令都不可用，以避免个人更改幻灯片放映。在每次放映完毕后幻灯片会自动重新放映。

10. 隐藏幻灯片

有时由于放映的场合不同或者针对的观众群不同，演讲者可能不想放映演示文稿中的某些幻灯片，这时可以使用隐藏幻灯片功能，将演示文稿中的部分幻灯片隐藏起来。

切换到需要隐藏的幻灯片，单击"幻灯片放映"选项卡"设置"组中的"隐藏幻灯片"按钮，如图 7-28 所示。此时所选幻灯片缩略图左边的幻灯片编号上会出现一个斜线方框，如图 7-29 所示，表示该幻灯片已被隐藏，在放映过程中该幻灯片不会放映。

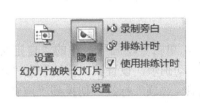

图 7-28　隐藏幻灯片

图 7-29　隐藏幻灯片标记

7.1.4　基础实例

 **情景描述**

南方天元公司将参加南方市人才招聘会，使用电子屏幕向应聘者介绍公司的基本情况

及需要招聘的岗位情况。为了吸引应聘人员的报名，他们制作了具有动画效果的电子文稿，并在演示文稿中设置了悠扬的音乐，让参加人才招聘会的人员在轻松的乐曲中观看公司的招聘信息。

制作思路

由于是招聘广告，在幻灯片中主要发布企业的招聘信息，所以招聘信息的内容设置了一些特殊的效果（在第 6 章的案例中已经完成设置）。考虑到是在展台播放，所以幻灯片中设置了幻灯片的自动切换方式，并在幻灯片中添加了音乐效果，而且需要设置幻灯片的播放方式为展台浏览方式。

操作过程

在计算机上查找文件 6-2.pptx，双击该文件图标启动 PowerPoint 2007，同时打开该演示文稿，将其另存为 7-2.pptx 文件。

（1）打开 7-2.pptx 演示文稿，单击"插入"标签切换到"插入"选项卡，单击"媒体剪辑"组中的"声音"按钮，在下拉列表中选择"文件中的声音"选项，打开"插入声音"对话框。

（2）调整"插入声音"对话框中的"查找范围"项，找到要插入音乐存放的位置，如图 7-30 所示。选中"命运"曲目，单击"确定"按钮，在系统给出的消息提示框中单击"自动"按钮，将该曲目插入演示文稿的第一张幻灯片中。

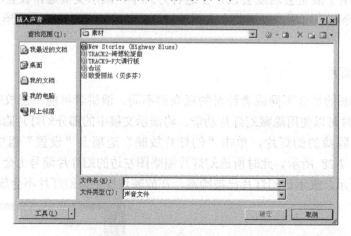

图 7-30　插入声音

（3）单击"动画"标签切换到"动画"选项卡，单击"动画"组中的"自定义动画"按钮，打开"自定义动画"任务窗格。选中"命运"动画项，设置其"开始"为"之后"。

（4）选中幻灯片中的声音图标，单击"声音工具 - 选项"标签，切换到"声音工具 - 选项"选项卡，在"声音选项"组中勾选"放映时隐藏"和"循环播放，直到停止"两个复选框，设置"播放声音"项为"跨幻灯片播放"，单击"幻灯片放映音量"按钮，设置音量为"高"，如图 7-31 所示。

（5）选中"命运"动画项，单击"自定义动画"任务窗格中"重新排序"旁的向上按钮，将其动画播放顺序调整到第一位。

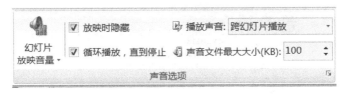

图 7-31　设置声音选项

（6）单击"动画"标签切换到"动画"选项卡，在"切换到此幻灯片"组中的"换片方式"项目中勾选"在此之后自动设置动画效果"，并设置时间为 10 秒，如图 7-32 所示。

图 7-32　设置换片时间

（7）切换到其他幻灯片，依次设置第 2 张幻灯片的换片时间为 20 秒，第 3、4、5 张幻灯片的换片时间为 45 秒，第 6 张幻灯片的换片时间为 30 秒。

（8）单击"幻灯片放映"标签切换到"幻灯片放映"选项卡，单击"设置"组中的"设置放映方式"按钮，打开"设置放映方式"对话框。在此对话框中设置幻灯片的放映类型为"在展台浏览（全屏幕）"，如图 7-33 所示，单击"确定"按钮完成设置。

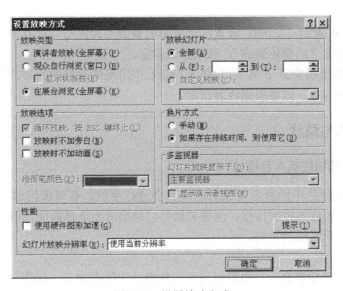

图 7-33　设置放映方式

（9）单击"Office 按钮"，在打开的菜单中指向"另存为"命令，在展开级联菜单的"保存文档副本"中选择"PowerPoint 放映"选项，如图 7-34 所示。打开"另存为"对话框，"保存类型"下拉列表框里默认的是"PowerPoint 放映"，选择文件要保存的位置，输入文件名，然后单击"确定"按钮将演示文稿保存为自放映类型。

图 7-34　保存幻灯片为自放映类型

7.1.5　举一反三

1. 请你在第 6 章给 1-1.pptx 设置动画效果的基础上为该幻灯片添加音乐效果，乐曲使用贝多芬的钢琴名曲"致爱丽斯"，并设置幻灯片放映方式为"在展台浏览"，音乐循环播放。

2. 请你在第 6 章给 1-2.pptx 设置动画效果的基础上为该幻灯片添加音乐效果，乐曲使用贝多芬的钢琴名曲"绮想轮旋曲"，放映方式自定。

3. 请你在网络上搜索第 6 章制作的 6-3.pptx 中出现的动物的叫声，在每一幅幻灯片中为出现的动物添加叫声，效果根据内容自定。

7.1.6　技巧与总结

1. 使用播放按钮控制声音播放

启动插入到幻灯片中的声音对象后，声音会进行播放，有可能给演讲者带来不便。如果在幻灯片中插入相应的控制按钮，演讲者就可以根据需要选择播放、暂停还是停止操作，有利于演讲者对演示文稿的控制。

1）制作控制按钮

控制按钮可以用文字表示，也可以用人们熟悉的图形来表示。如图 7-35 所示，向右的三角形按钮表示播放，两根竖线按钮表示暂停，方形按钮表示停止。

图 7-35　播放控制按钮

（1）单击"开始"标签，在"开始"选项卡中单击"绘图"组中的形状按钮，单击基本形状中的"等腰三角形"，此时鼠标指针变成十字形状，按下鼠标左键在幻灯片中画出一个适当大小的等腰三角形。

（2）将鼠标指向等腰三角形上方的圆绿色按钮点，向右拖动使等腰三角形旋转 90°，变成向右方向的等腰三角形。

（3）选中该三角形，单击"绘图工具 - 格式"标签，在"绘图工具 - 格式"选项卡中单击"形状样式"组中的"形状效果"按钮，在打开的列表中选择"棱台"，在级联菜单中选择"冷色斜面"效果，如图 7-36 所示，完成播放按钮的制作。

（4）采用同样的方法制作暂停和停止按钮。暂停按钮使用的形状是"等号"，停止按钮使用的形状是矩形。

2）使用按钮控制声音的播放

（1）选中声音图标，单击"动画"标签，单击"动画"组中的"自定义动画"按钮，打开"自定义动画"任务窗格。

（2）在动画效果列表中选中声音动画，单击"删除"按钮删除其动画效果。单击"添加

图 7-36　设置控制按钮的效果

效果"按钮，选择级联菜单"声音操作"中的"播放"命令，单击新添加到动画列表中声音动画旁的下三角，在列表中选择"计时"命令，打开"播放声音"对话框。

（3）单击"播放声音"对话框中的"触发器"按钮，选中"单击下列对象时启动效果"，设置启动对象为"等腰三角形"，如图 7-37 所示，单击"确定"按钮完成设置。

（4）在幻灯片中选中声音对象，单击"添加效果"按钮，选择级联菜单"声音操作"中的"暂停"命令，单击新添加到动画列表中声音动画旁的下三角，在列表中选择"计时"命令，打开"播放声音"对话框。单击"播放声音"对话框中的"触发器"按钮，选中"单击下列对象时启动效果"，设置启动对象为"等于号"，如图 7-38 所示，单击"确定"按钮完成设置。

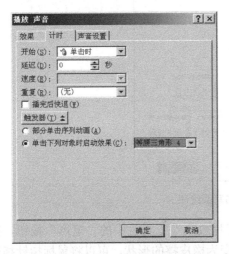

图 7-37　设置播放触发条件

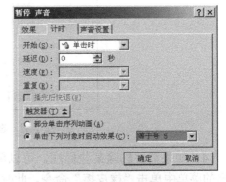

图 7-38　设置暂停触发条件

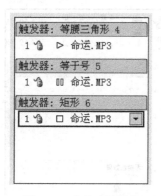

图 7-39　声音动画列表

（5）在幻灯片中选中声音对象，单击"添加效果"按钮，选择级联菜单"声音操作"中的"停止"命令，单击新添加到动画列表中声音动画旁的下三角，在列表中选择"计时"命令，打开"播放声音"对话框。单击"播放声音"对话框中的"触发器"按钮，选中"单击下列对象时启动效果"，设置启动对象为"矩形"，单击"确定"按钮完成设置。设置完成后的动画列表如图 7-39 所示。

2．对幻灯片进行标注

当用户使用 PowerPoint 2007 放映演示文稿时，可以在幻灯片上绘制圆圈、下画线、箭头或其他标记，以强调要点。要在演示文稿中进行标注，操作方法如下：

（1）打开幻灯片，切换到放映视图，在左下角的"幻灯片放映"工具栏上单击"笔形"按钮，在弹出的菜单中选择"荧光笔"命令，如图 7-40 所示。

（2）再次单击"笔形"按钮，在弹出的菜单中单击"墨迹颜色"命令，并在打开的级联菜单中选择一种墨迹颜色，如图 7-41 所示。

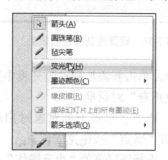

图 7-40　设置用笔类型

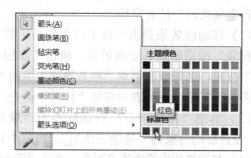

图 7-41　设置笔迹颜色

（3）按住鼠标左键并拖动即可在幻灯片上书写或绘图，如图 7-42 所示。

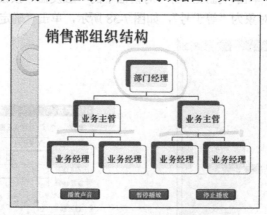

图 7-42　在幻灯片上书写或绘图

（4）如果需要删除某些标注，可以单击"幻灯片放映"工具栏中的"笔形"按钮，在弹出的菜单中单击"橡皮擦"命令。此时鼠标指针变为橡皮擦的形状，可以将鼠标指针指向需要擦除的标注，按下鼠标左键并拖动即可擦除幻灯片中的标注。

（5）右击幻灯片中的任意位置，在弹出的快捷菜单中单击"结束放映"命令，系统会给出提示框，询问用户是否保留墨迹。如果要保留标注的墨迹，则单击"保留"按钮，否则单击"放弃"按钮取消此次操作，如图 7-43 所示。

图 7-43　选择是否保留墨迹注释

 总结

本节主要介绍了在幻灯片中添加声音对象的基本方法和幻灯片放映的基本内容，包括文件中的声音、剪辑管理器中的声音和来自 CD 光盘的声音对象，又介绍了声音对象的播放设置和幻灯片放映的方法与设置。为了防止可能出现的链接问题，最好在将声音对象添加到演示文稿之前，先将其复制到演示文稿所在的文件夹中。

7.2　有声有色的演示文稿

除了动画和声音，用户还可以在演示文稿中加入视频，使演示文稿变得更加生动。本节将学习如何在幻灯片中插入剪辑管理器中的影片、如何在文件中插入影片，以及设置影片的播放选项和动画效果。

7.2.1　作品展示

这是本书 5.1 节中制作的幻灯片，总共由 3 张页面组成。在本章前面的学习中，我们在这 3 张幻灯片的基础上添加了音乐效果，并设置了音乐的控制按钮。本节将在其中添加视频文件，效果如图 7-44 所示。

图 7-44　幻灯片播放效果

7.2.2　操作方法

在计算机上查找文件 7-1.pptx，双击该文件图标启动 PowerPoint 2007，同时打开该演示文稿，将其另存为 7-3.pptx。

（1）删除第一张幻灯片中的图片，单击"插入"标签切换到"插入"选项卡，单击"媒体剪辑"组中的"影片"按钮，在打开的列表中选择"剪辑管理器中的影片"。

（2）此时系统会打开如图 7-45 所示的"剪贴画"任务窗格，并且将系统中自带的影片在任务窗格中显示出来。

（3）在剪辑列表中找到所要的剪辑，单击鼠标右键，在打开的快捷菜单中单击"预览/属性"命令，打开如图 7-46 所示的"预览/属性"对话框。在此对话框中可以看到影片的动态效果及影片的基本信息等。

图 7-45　"剪贴画任务"窗格　　　　　图 7-46　"预览/属性"对话框

（4）双击选中的影片剪辑，将其插入幻灯片中，如图 7-47 所示。选中影片剪辑，用鼠标拖动其四周的控制点，将其调整到适当的大小，如图 7-48 所示。

图 7-47　插入影片　　　　　　　　　图 7-48　调整影片的大小

（5）切换到第 3 张幻灯片，单击"开始"标签，单击"开始"选项卡"幻灯片"组中的"新建幻灯片"按钮，在打开的"幻灯片版式"列表中选择"仅标题"版式，在演示文稿中插入一张新幻灯片。

（6）在新幻灯片中输入"营销技巧"作为标题。单击"插入"标签切换到"插入"选项卡，单击"媒体剪辑"组中的"影片"按钮，在打开的列表中选择"文件中的影片"，打开"插入影片"对话框。调整查找范围找到存放影片的文件夹，如图 7-49 所示。选中需要插入到幻灯片中的影片，单击"确定"按钮，将其插入幻灯片中。

图 7-49 "插入影片"对话框

（7）选中影片剪辑，用鼠标拖动其四周的控制点，将其调整到适当的大小，完成后的效果如图 7-50 所示。单击"自定义动画"任务窗格中的"播放"按钮，可以预览影片播放时的效果，如图 7-51 所示。

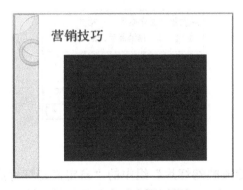

图 7-50 幻灯片中插入影片

图 7-51 幻灯片预览效果

（8）采用与 7.1 节相似的方法在幻灯片上制作 3 个控制按钮：播放、暂停和停止，效果如图 7-52 所示。

图 7-52 制作的播放控制按钮

（9）影片插入幻灯片中以后，系统已经为其设置了两种动画效果：播放和暂停，如图 7-53 所示。删除"自定义动画"任务窗格中动画列表里的影片的动画效果，选中幻灯片中的影片，单击"自定义动画"窗格中的"添加动画"按钮，在列表中选择"影片操作"级联菜单中的"播放"命令，如图 7-54 所示，给影片添加播放效果。双击动画列表中的"播放"动画，打开"播放影片"对话框，在此对话框中设置播放动画激发的条件是"单击圆角矩形播放"按钮，如图 7-55 所示。

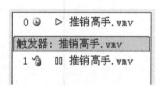

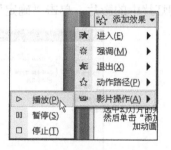

图 7-53　影片原有的动画效果　　　　　　　图 7-54　添加播放动画效果

（10）采用相同的方法设置影片暂停和停止播放的激发条件，设置完成后的动画列表如图 7-56 所示。

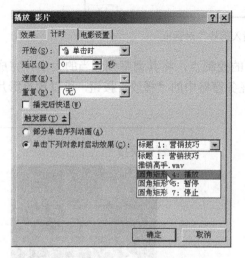

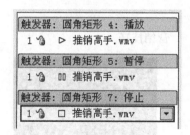

图 7-55　设置影片播放的激发条件　　　　　　　图 7-56　动画效果列表

（11）单击"幻灯片放映"标签，单击"开始放映幻灯片"组中的"自定义幻灯片放映"按钮，在打开的列表中单击"自定义放映"选项，打开如图 7-57 所示的"自定义放映"对话框。

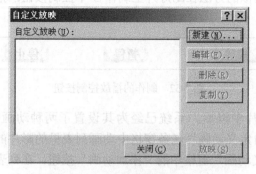

图 7-57　"自定义放映"对话框

（12）单击"新建"按钮，打开如图 7-58 所示的"定义自定义放映"对话框。在此对话框的"幻灯片放映名称"文本框中输入自定义放映的名称，此处输入"推销技巧"。在"在演示文稿中的幻灯片"列表框中列出了演示文稿中所有的幻灯片，选中第 1 张幻灯片，单击

"添加"按钮，再选中第 4 张幻灯片，单击"添加"按钮，将两张幻灯片添加到右侧的列表框中，单击"确定"按钮返回幻灯片编辑窗口，完成自定义放映的设置。

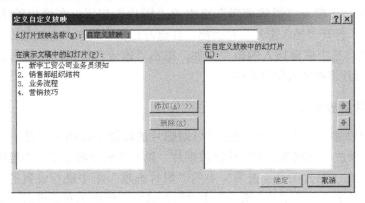

图 7-58　"定义自定义放映"对话框

（13）单击"幻灯片放映"选项卡"开始放映幻灯片"组中的"自定义幻灯片放映"按钮，在打开的列表中单击"推销技巧"选项，即可按照自定义的放映顺序进行放映。

7.2.3　技术点睛

1．插入剪辑管理器中的影片

PowerPoint 2007 支持的影片格式很多，用户可以为幻灯片添加.wmv、.mpeg、.avi、.asf 等格式的影片文件。PowerPoint 2007 的剪辑管理器中不但有图片、声音，还有动画剪辑 .gif 格式的动画文件和其他格式的影片文件。在幻灯片中插入剪辑管理器中影片的操作方法如下：

单击"插入"选项卡"媒体剪辑"组中的"影片"按钮，在弹出的下拉列表中单击"剪辑管理器中的影片"，打开"剪贴画"任务窗格。在该窗格的列表框中列出了剪辑管理器中的各种影片文件，此处列出的影片文件多数为 .gif 动画，如图 7-59 所示。

拖动列表框旁的滚动条找到需要插入的影片文件并单击，该影片就会被插入幻灯片中，如图 7-60 所示。

图 7-59　"剪贴画"窗格

图 7-60　插入影片后的幻灯片

2. 从文件中插入影片

单击"插入"选项卡"媒体剪辑"组中的"影片"按钮，在弹出的下拉列表中单击"文件中的影片"，打开"插入影片"对话框。在该对话框中单击"查找范围"下拉按钮查找影片文件的位置，选中需要插入的影片文件，单击"确定"按钮，在弹出的提示框中单击"自动"按钮，影片将被插入幻灯片中。

3. 设置影片播放效果

在幻灯片中添加了影片后，用户还可以对影片的播放进行相关设置，如可以设置影片是否以全屏大小播放、跨越多张幻灯片播放影片，以及在整个演示文稿中连接播放影片等。影片播放效果是在"影片工具 - 选项"中的"影片选项"组中进行设置的，如图 7-61 所示。用户也可以单击"影片工具 - 选项"中"影片选项"组中的对话框启动器，在打开的如图 7-62 所示的"影片选项"对话框中对影片的播放效果进行设置。

图 7-61　"影片选项"组工具

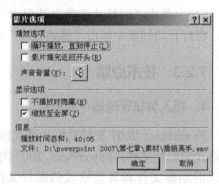

图 7-62　"影片选项"对话框

4. 自定义放映

针对不同的场合或观众群，演示文稿的放映顺序或幻灯片的放映张数可能不同，为此，PowerPoint 2007 为用户提供了自定义放映功能，该功能可以将演示文稿中的幻灯片排列组合后再放映，也可以根据不同的对象有选择地放映幻灯片的内容。创建并使用自定义放映的具体操作方法如下：

（1）打开演示文稿，单击"幻灯片放映"选项卡"开始放映幻灯片"组中的"自定义幻灯片放映"按钮，在打开的列表中单击"自定义放映"选项，打开"自定义放映"对话框。

（2）在"自定义放映"对话框中单击"新建"按钮，打开"定义自定义放映"对话框。在此对话框的"幻灯片放映名称"文本框中输入自定义放映的名称。在"在演示文稿中的幻灯片"列表框中列出了演示文稿中所有的幻灯片，选中一张或多张幻灯片，如图 7-63 所示，单击"添加"按钮，将幻灯片添加到右侧的列表框中，单击"确定"按钮返回幻灯片编辑窗口，完成自定义放映的设置。

 小秘密

　　用户对同一个演示文稿可以根据需要制作多个自定义放映，这些定义的自定义放映会显示在"自定义放映"列表框中，如图 7-64 所示。

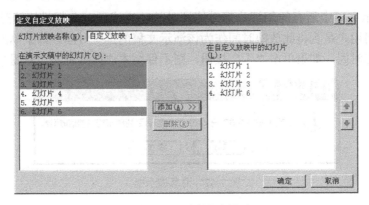

图 7-63　设置自定义放映

设置多个自定义放映后，每个自定义放映的名称会出现在"自定义幻灯片放映"按钮下的列表中，如图 7-65 所示，选择某个名称即可以按其定义的顺序放映幻灯片。

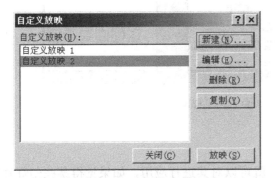

图 7-64　多个自定义放映列表

图 7-65　自定义放映名称列表

5．设置排练计时

PowerPoint 2007 为用户提供了使用排练计时的方式，当正式放映幻灯片时就可以根据预先设置好的排练时间自动切换幻灯片。此功能在实际工作中通常应用于自动放映的幻灯片中。要设置排练计时功能，首先要对幻灯片的播放情况进行详细的浏览与计算，估计每一张幻灯片的播放时间，再为其设置排练计时。设置排练计时的方法如下：

（1）单击"幻灯片放映"选项卡"设置"组中的"排练计时"，进入幻灯片放映视图，同时在视图中会显示"预演"工具栏，在其中的"幻灯片放映时间"文本框中显示了当前幻灯片的放映时间。每一张幻灯片在排练时都会从 0 开始计时，"预演"工具栏的最右边显示已放映幻灯片的累计时间，如图 7-66 所示。

图 7-66　"预演"工具栏

（2）在"预演"工具栏中单击"下一项"按钮，即可开始播放下一张幻灯片，同时，"预演"工具栏上的"幻灯片放映时间"文本框中开始记录新幻灯片的时间。

（3）如果用户想重新记录当前幻灯片的放映时间，可在"预演"工具栏上单击"重复"按钮，在"幻灯片放映时间"文本框中显示的时间会重新归零，工具栏上最右边的累计时间也会自动扣除重计。

（4）对演示文稿中所有的幻灯片都排练计时放映完成后，关闭排练计时，会打开一个消息提示框询问用户是否将此放映时间作为该演示文稿的排练时间。如果单击"是"按钮，则保留本次排练时间，如果单击"否"按钮，则不保留本次排练时间，如图 7-67 所示。

图 7-67   消息提示框

（5）结束放映后，系统会自动切换至幻灯片浏览视图，可以看到在每张幻灯片缩略图的左下角都显示了该幻灯片的放映时间，如图 7-68 所示。

图 7-68   幻灯片浏览视图

6．调整切换时间

用户为演示方式设置好排练计时后，就可以对其进行应用，如果觉得某些幻灯片的切换时间不合适，可以重新调整切换时间。

单击"幻灯片放映"选项卡"设置"组中的"设置幻灯片放映"按钮，在打开的"设置放映方式"对话框的"换片方式"选项区中选中"如果存在排练时间，则使用它"单选按钮，单击"确定"按钮，如图 7-69 所示。

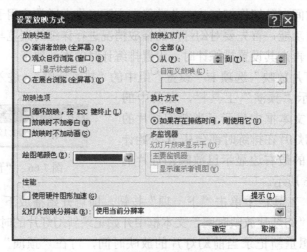

图 7-69   使用计时排练

如果要调整某张幻灯片的切换时间，可以切换到幻灯片浏览视图中，选中要调整切换时间的幻灯片，然后切换到"动画"选项卡，在"切换到此幻灯片"组的"换片方式"选项区"在此之后自动设置动画效果"右侧的数值框中输入新的切换时间即可，如图7-70所示。

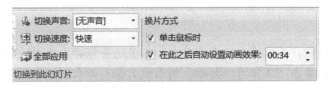

图 7-70　调整切换时间

7．录制旁白

放映幻灯片时，为了便于观众理解，一般演示者会同时进行讲解，但有时演示者不能参加演示文稿的放映或想自动放映演示文稿，这时可以使用录制旁白功能。

录制旁白需要用户的计算机中已经安装了相关的硬件，如声卡、麦克风等，如果没有相应的硬件，录制旁白的功能使用不了。

（1）单击"幻灯片放映"选项卡"设置"组中的"录制旁白"按钮，打开如图7-71所示的"录制旁白"对话框。

图 7-71　"录制旁白"对话框

（2）单击"更改质量"按钮，打开"声音选定"对话框，在此对话框中设置"名称"为"CD音质"，如图7-72所示，然后单击"确定"按钮。

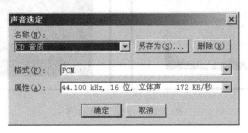

图 7-72　"声音选定"对话框

（3）返回"录制旁白"对话框，单击"确定"按钮，此时转入幻灯片播放窗口，用户可以对着麦克风讲话进行旁白的录制。录制完第1张幻灯片的旁白后，在幻灯片上任意位置处单击可以切换到下一张幻灯片，继续录制，如果用户想暂停旁白的录制，可以右击幻灯片的任意位置，在打开的快捷菜单中选择"暂停旁白"命令。如果用户想继续录制，则再次右击幻灯片的任意位置，在打开的快捷菜单中选择"继续旁白"命令，继续旁白的录制。

（4）旁白录制完成结束幻灯片的放映时，会打开一个对话框，询问用户是否保存本次放映时间，单击"保存"按钮，返回幻灯片视图中，可以看到每张添加了旁白的幻灯片右下角都出现一个声音图标。

　　单击"保存"按钮，系统不仅会保存旁白，而且还会保存本次放映时间，原有的切换时间被覆盖；如果用户单击"不保存"按钮，则系统只保存旁白。

　　如果用户不再需要旁白或暂时不想播放旁白，可以将其删除或关闭。在录制了旁白的幻灯片中选中声音图标，按下 Delete 键即可删除旁白。打开"设置放映方式"对话框，在"放映选项"区域中勾选"放映时不加旁白"复选框，单击"确定"按钮，旁白即被关闭。

7.2.4　基础实例

　情景描述

　　2008 年 5 月 12 日，我国的四川省发生了 8 级大地震，给四川人民带来了巨大的灾难，也给四川的旅游业带来了毁灭性的打击，美丽四川的很多地方成了一片废墟。在全国人民的共同努力下，在很短的时间内，灾区人民恢复了生产，很多的景区恢复了对外开放。时值暑期旅游旺季到来，好地旅行社业务经理制作了一个简短的四川旅游宣传片向广大游客宣传四川之美，以支援四川的灾后重建。为了渲染幻灯片的宣传效果，幻灯片中插入了两段影片，一段影片展示了地震给四川人民带来的灾难，一段影片展示了四川九寨沟的美丽风光，效果如图 7-73 所示。

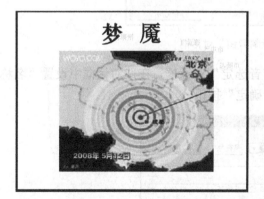

图 7-73　演示文稿示例

　制作思路

　　由于这是在第 3 章制作完成的幻灯片的基础上添加影片，并且添加的影片具有很强的感染力，一个是 5·12 地震给四川人民带来灾难的影片，一个是四川旅游景点的代表九寨沟的美丽风光介绍，对观众来说都是有兴趣观赏完的影片，所以在添加到幻灯片中时不使用控制按钮控制幻灯片的播放，使用自动播放的方式设置。为了比较好地介绍四川，使用了自定义的播放方式，根据观众的不同，可以使用不同的播放方式，有选择地播放幻灯片的内容。

操作过程

在计算机上查找文件 3-4.pptx，双击该文件图标启动 PowerPoint 2007，同时打开该演示文稿，将其另存为 7-4.pptx 文件。

（1）打开 7-4.pptx 演示文稿，切换到第 2 张幻灯片，单击"开始"标签，单击"幻灯片"组中的"新建幻灯片"按钮，在打开的"**Office 主题**"列表中选择"仅标题"主题的幻灯片，在演示文稿中插入一张新幻灯片。

（2）在"标题"占位符中输入"梦魇"两个字，设置字号为"72"，字体加粗，效果如图 7-74 所示。

图 7-74　标题效果

（3）单击"插入"选项卡"媒体剪辑"组中的"影片"按钮，在弹出的下拉列表中单击"文件中的影片"，打开"插入影片"对话框。在该对话框中单击"查找范围"下拉按钮查找影片文件的位置，选中需要插入的影片文件"地震.wmv"，单击"确定"按钮，在弹出的提示框中单击"自动"按钮，影片被插入幻灯片中，调整影片窗口的大小到合适的尺寸，如图 7-75 所示。

图 7-75　插入影片到幻灯片中

（4）打开幻灯片浏览视图，切换到第 9 张幻灯片，在第 9 张幻灯片之后插入一张空白幻灯片，在空白幻灯片中插入影片"jiuzhaigou-1.wmv"，同样设置为自动播放。

（5）单击"幻灯片放映"标签，切换到"幻灯片放映"选项卡。单击"开始放映幻灯片"组中的"自定义幻灯片放映"按钮，选择"自定义放映"，打开"自定义放映"对话框，单击"新建"按钮，打开"定义自定义放映"对话框，如图 7-76 所示。

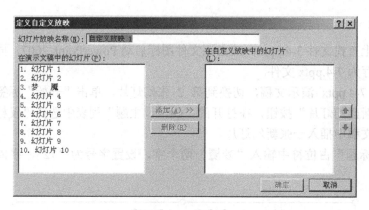

图 7-76　"定义自定义放映"对话框

（6）在"幻灯片放映名称"文本框中输入"地震与九寨沟视频"，选中第 1、2、3、8、9、10 张幻灯片，单击"添加"按钮，将这些幻灯片添加到右侧的列表框中，如图 7-77 所示，单击"确定"按钮，返回"自定义放映"对话框，单击"关闭"按钮返回幻灯片编辑窗口。

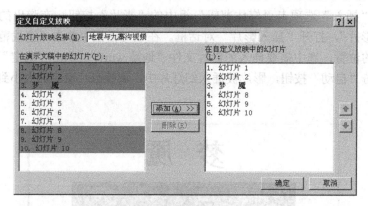

图 7-77　选择幻灯片

（7）单击"幻灯片放映"标签，切换到"幻灯片放映"选项卡。单击"开始放映幻灯片"组中的"自定义幻灯片放映"按钮，选择"地震与九寨沟视频"选项即可开始播放幻灯片。

7.2.5　举一反三

1. 本书第 3 章制作了一个非洲之旅的幻灯片，请你通过网络查找介绍非洲大陆的影片，将其添加到幻灯片中，并为该影片设置控制播放按钮。

2. 在 7-4.pptx 的例子中添加了介绍九寨沟的影片，请你通过网络查找介绍峨眉山的影片，将其添加到幻灯片中，并为该幻灯片设置排练计时效果。

3. 打开本书 1-3.pptx 和 1-4.pptx 两个案例，你还能给它们添加点什么吗？

7.2.6　技巧与总结

1. 在演示文稿中播放 Flash 动画

通过使用名为 Shockwave Flash Object 的 ActiveX 控件和 Adobe Macromedia Flash

Player，在 PowerPoint 2007 演示文稿中可以播放扩展名为.swf 的 Shockwave 文件。将 Flash 文件添加到演示文稿的操作方法如下：

（1）在计算机上安装 Flash Player 后，打开演示文稿，单击"Office 按钮"，在弹出的下拉菜单中单击"PowerPoint 选项"命令，打开"PowerPoint 选项"对话框。

（2）在"PowerPoint 首选使用选项"选项区域中勾选"在功能区显示'开发工具'选项卡"复选框，如图 7-78 所示，设置完成后单击"确定"按钮。

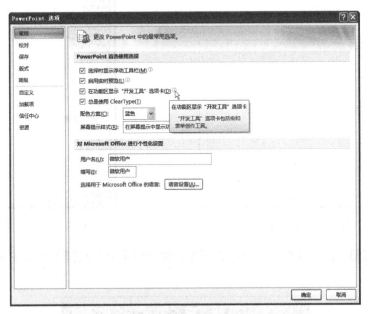

图 7-78　设置在功能区显示"开发工具"选项卡

（3）切换到"开发工具"选项卡，在其中的"控件"组中单击"其他控件"按钮，如图 7-79 所示，打开"其他控件"对话框，在控件列表框中单击"Shockwave Flash Object"选项，如图 7-80 所示，单击"确定"按钮。

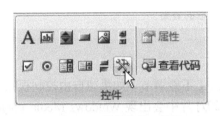

图 7-79　"其他控件"按钮

图 7-80　选择需要的控件

（4）此时鼠标指针变为"十"字形，在幻灯片上拖动以绘制控件，释放鼠标后，幻灯片中出现如图 7-81 所示的控件框。

（5）在"Shockwave Flash Object"控件上右击，在弹出的快捷菜单中选择"属性"命

令，打开"属性"对话框，在"按字母序"选项卡上单击"Movie"属性，在值列
（"Movie"旁边的空白单元格）中输入要播放 Flash 文件的完整驱动器路径，包括文件名，
如图 7-82 所示。设置完毕后，单击右上角的"关闭"按钮关闭对话框。

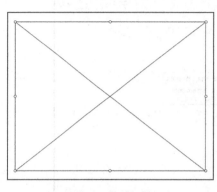

　　　　　图 7-81　绘制控件　　　　　　　　　　　　　图 7-82　设置控件属性

　　（6）切换到幻灯片放映视图，可以看到在控件的位置处自动开始播放 Flash 动画影片，
如图 7-83 所示。

图 7-83　Flash 添加到演示文稿后的效果

2．自由控制影片的播放

　　在 PowerPoint 2007 中插入影片后，影片的播放人工不能调节。如果想自由控制视频的
播放进度，可以采用 Windows Media Player 控件法，幻灯片中会出现 Windows Media Player
的简易播放界面，利用播放器的控制栏，可自由控制视频的进度、声音的大小等，双击还可
自动切换到全屏播放状态，和用 Windows Media Player 观看影片没什么区别。

　　（1）打开演示文稿，单击"Office 按钮"，在弹出的下拉菜单中单击"PowerPoint 选
项"命令，打开"PowerPoint 选项"对话框。在"PowerPoint 首选使用选项"选项区域中勾

选"在功能区显示'开发工具'选项卡"复
选框，设置完成后单击"确定"按钮。回到
PowerPoint 2007 编辑界面，则功能区多出
一个新选项卡，即"开发工具"。

（2）切换到"开发工具"选项卡，在其
中的"控件"组中单击"其他控件"按钮，
打开"其他控件"对话框，在控件列表框中
单击"Windows Media Player"选项，如
图 7-84 所示，单击"确定"按钮。

（3）此时鼠标指针变为"十"字形，在
幻灯片上拖动以绘制控件，释放鼠标后，则
Windows Media Player 播放界面出现在幻灯
片中，如图 7-85 所示。

图 7-84　选择需要的控件

（4）在"Windows Media Player"控件上右击，在弹出的快捷菜单中选择"属性"命
令，打开"属性"对话框，在"URL"项中输入视频文件的路径和全名称（若视频文件和幻
灯片文件在同一文件夹中，则无须输入路径），如图 7-86 所示。设置完毕后，单击右上角的
"关闭"按钮关闭对话框。

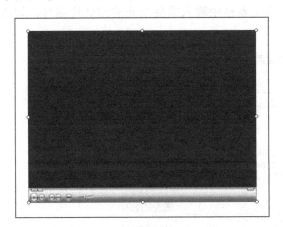

图 7-85　Windows Media Player 播放界面

图 7-86　设置影片路径

（5）切换到幻灯片放映视图，可以看到在控件的位置处自动开始播放影片，如图 7-87
所示，播放窗口中可以控制影片的放映。

3. 将演示文稿放置在网页上

PowerPoint 2007 提供了将演示文稿转化为网页的功能，转化为网页后可以将文稿发布
到 Web 站点上。

（1）打开需要转化为网页文件的演示文稿，单击"Office 按钮"，在打开的列表中选择
"另存为"命令，打开"另存为"对话框。

（2）单击"保存位置"右侧的下拉按钮，在弹出的列表中选择文件的保存路径，然后
单击"保存类型"右侧的下拉按钮，在弹出的列表中单击"单个文件网页"选项。

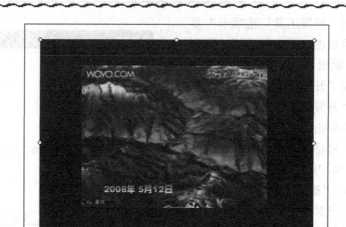

图 7-87　影片播放窗口

（3）单击"单个文件网页"选项后，在对话框中单击"发布"按钮，打开"发布为网页"对话框。

（4）在"发布为网页"对话框的"发布内容"选项区域中选择需要发布的演示文稿内容，选中"幻灯片编号"单选按钮，在右侧的文本框中输入需要发布的幻灯片编号，勾选"显示演讲者备注"复选框，如图 7-88 所示。

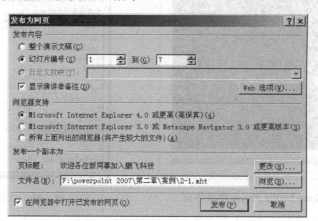

图 7-88　"发布为网页"对话框

（5）单击"Web 选项"按钮，打开"Web 选项"对话框，在"常规"选项卡中单击"颜色"列表框右侧的下拉按钮，在打开的列表中单击"白底黑字"选项，如图 7-89 所示。

（6）切换到"浏览器"选项卡，在"选项"列表框中勾选"将新建网页保存为'单个文件网页'"复选框，如图 7-90 所示。

（7）切换到"图片"选项卡，在"屏幕尺寸"列表框中单击选择一种分辨率，如 1024×768。切换到"编码"选项卡，在"将此文档另存为"下拉列表框中，选择"简体中文（GB2312）"，如图 7-91 所示。

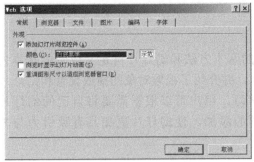

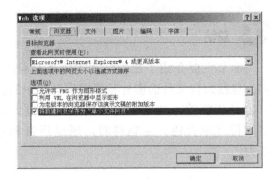

图 7-89   设置浏览控件的外观颜色   图 7-90   设置"浏览器"选项卡

（8）切换到"字体"选项卡，在"字符集"下拉列表框中选择默认的"简体中文"，设置字体、字号后单击"确定"按钮，如图 7-92 所示。

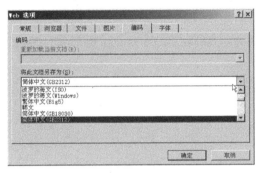

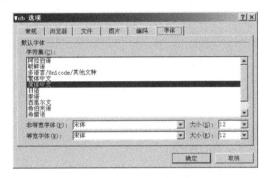

图 7-91   设置"编码"选项卡   图 7-92   设置"字体"选项卡

（9）返回"发布为网页"对话框，单击"更改"按钮，在打开的"设置页标题"对话框中输入页标题，如图 7-93 所示，单击"确定"按钮。

（10）返回"发布为网页"对话框，勾选"在浏览器中打开已发布的网页"复选框，然后单击"发布"按钮。单击"发布"按钮后，系统自动启动演示文稿的网页形式，如图 7-94 所示。

图 7-93   设置页标题   图 7-94   显示演示文稿的网页形式

总结

　　本节主要介绍了在幻灯片中添加视频对象的基本方法和幻灯片自定义放映的基本内容，包括来自文件的影片和剪辑管理器中的影片，并介绍了视频对象的播放设置和幻灯片自定义放映的方法与设置等内容。通过此次学习，用户可以根据需要将自己的幻灯片制作得有声有色、主题鲜明，通过声音和视频的添加，使幻灯片更加具有吸引力与冲击力。

第8章 办公综合实战——新员工培训文稿

内容导读

本章是演示文稿的综合应用，包含的内容有在前面章节中做过专门介绍的，如文本操作、图片操作、项目符号、分栏设置、形状设置等；也有前面章节没有介绍的知识，如页面设置、母版设计、幻灯片审阅、演示文稿的打印与打包等。整章内容涵盖了演示文稿设计与制作的基本流程和基本知识。

8.1 方案规划

培训文稿的种类非常丰富，不同的培训文稿要表达的内容是不一样的。公司或者企业中需要制作的培训文稿主要有企业文化、营销知识、营销技巧、产品常识等方面，各个方面侧重点不同，方案规划上也有所不同。

企业内部培训是很多企业非常重视的一项工作，在企业业务不很繁忙的情况下有组织地对员工进行培训是提高企业竞争力、展示企业文化、提高员工素质与业务能力的一种手段。新员工培训是企业对新员工的入门培训，企业会根据本企业的实际情况确定适合本企业的新员工培训内容，不同类型的企业侧重点不同，但通常情况下都会培训以下几个方面的内容：

（1）企业的基本情况；

（2）企业的管理制度；

（3）企业文化。

一般大型企业更注重企业文化的宣传与培训，而中小企业比较注重制度的培训。本章将制作一个 IT 公司新员工培训的演示文稿，兼顾企业文化与企业规章制度的培训，主要内容有：

（1）职业的内涵；

（2）价值观；

（3）企业精神；

（4）企业概况；

（5）基本制度。

8.2 制作演示文稿

在规划好演示文稿的基本内容后，用户还需要准备一些素材，如背景图、公司图片资料、公司的 Logo 标志等，素材准备完毕就可以开始制作了。

8.2.1 演示文稿的页面设置

在制作演示文稿之前，首先需要将制作的演示文稿保存到目标文件夹中，并为其命名。

（1）单击"开始"→"所有程序"→"Microsoft Office"→"Microsoft Office PowerPoint 2007"命令，启动 PowerPoint 2007。

（2）系统自动建立一个名为"演示文稿 1"的文件，单击"设计"标签，切换到"设计"选项卡，单击"页面设置"组中的"页面设置"按钮，打开"页面设置"对话框。在此对话框中的设置如图 8-1 所示，设置完成单击"确定"按钮返回幻灯片编辑窗口。

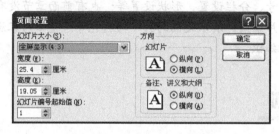

图 8-1 "页面设置"对话框

（3）单击"Office 按钮"，在打开的菜单中单击"另存为"命令，打开"另存为"对话框，在"保存位置"下拉列表中选择保存位置，然后在"文件名"文本框中输入"新员工培训"，在"保存类型"下拉列表中选择文件保存的类型，如图 8-2 所示，设置完毕后单击"保存"按钮保存演示文稿。

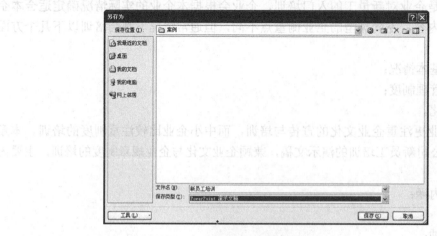

图 8-2 保存演示文稿

8.2.2 设置幻灯片的版式和背景

在制作每一张幻灯片之前，首先需要设定幻灯片的版式和背景。版式是幻灯片内容在幻灯片中的排列方式，版式是由占位符组成的。

（1）单击"设计"标签，单击"设计"选项卡中"背景"组中的对话框启动器，打开
"设置背景格式"对话框，选中"图片或纹理填充"，如图 8-3 所示。

（2）单击"文件"按钮，打开"插入图片"对话框，调整查找范围，找到图片文件存
放的位置，如图 8-4 所示。选中"背景 1"文件，单击"插入"按钮，返回"设置背景格
式"对话框，单击"全部应用"按钮，再单击"关闭"按钮，完成幻灯片背景的设置，效果
如图 8-5 所示。

图 8-3　设置背景格式

图 8-4　插入图片

（3）单击"开始"标签，单击"幻灯片"组中的"新建幻灯片"按钮，打开幻灯片版
式列表，如图 8-6 所示，从中选择"空白"版式，在演示文稿中插入一个新的空白幻灯片，
如图 8-7 所示。

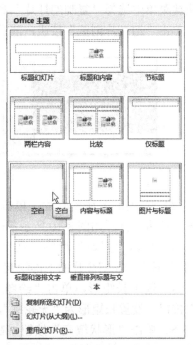

图 8-6　幻灯片版式列表

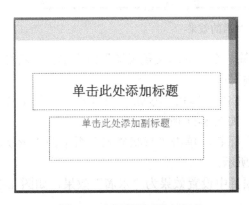

图 8-5　应用背景后的幻灯片

（4）选中第 1 张幻灯片，修改其背景，操作方法同前，但是不能单击"全部应用"按钮，修改完成后的效果如图 8-8 所示。该幻灯片作为演示文稿的首页。

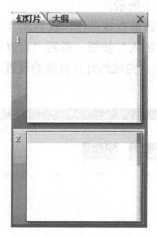 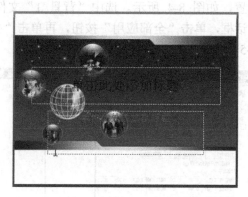

图 8-7   插入新幻灯片   图 8-8   修改第 1 张幻灯片背景

8.2.3 创建母版

幻灯片母版是存储关于模板信息的设计模板的一个元素，这些模板信息包括字形、占位符大小和位置、背景设置和配色方案。在幻灯片设计中可以使用母版来统一整个演示文稿的风格。

（1）在幻灯片编辑窗口左侧的幻灯片列表窗口中选中第 2 张幻灯片，单击鼠标左键，在快捷菜单中选择"复制幻灯片"命令，在演示文稿中插入一些与第 2 张幻灯片相同的幻灯片。单击"幻灯片浏览"按钮，演示文稿的效果如图 8-9 所示。

图 8-9   复制幻灯片后的效果

（2）选中第 2 张幻灯片，单击"视图"标签，在"演示文稿视图"组中单击"幻灯片母版"按钮，打开如图 8-10 所示的幻灯片母版编辑窗口。

（3）单击"开始"标签，在"绘图"组中单击"形状"按钮，在打开的列表中选择"矩形"形状，在幻灯片的下部绘制一个长矩形，如图 8-11 所示。

（4）选中长矩形，单击"绘图工具 - 格式"标签，单击"形状样式"组中的"形状轮廓"按钮，设置长矩形为"无轮廓"，如图 8-12 所示。

（5）单击"形状填充"按钮，在"纹理"项目中设置效果为"水滴"效果，如图 8-13 所示，完成后的效果如图 8-14 所示。

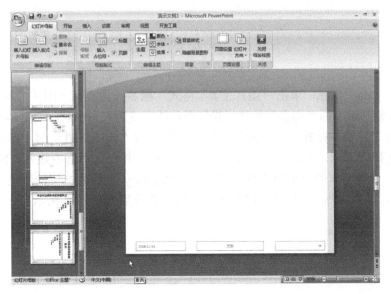

图 8-10　幻灯片母版编辑窗口

图 8-11　在幻灯片中绘制长矩形

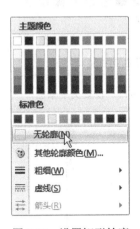

图 8-12　设置矩形轮廓

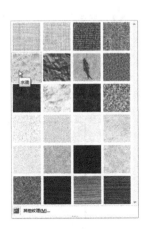

图 8-13　设置矩形填充效果

图 8-14　设置完成后矩形的效果

（6）单击"插入"标签切换到"插入"选项卡，单击"插图"组中的"图片"按钮，打开"插入图片"对话框，选择公司的 Logo 标志图片后，单击"插入"按钮，将公司的 Logo 标志插入幻灯片中，调整图片的大小并移动 Logo 图片到幻灯片的左下角，如图 8-15 所示。

图 8-15　插入 Logo 标志

（7）选中 Logo 图标，单击"图片工具 - 格式"标签，切换到"图片工具 - 格式"选项卡，单击"调整"组中的"亮度"按钮，设置图片的亮度为"+30%"，如图 8-16 所示。

（8）单击"开始"标签，在"开始"选项卡中单击"绘图"组中的"形状"按钮，在形状列表中选择文本框，在幻灯片中绘制一个文本框，并在文本框中输入"NanFang DaLi CO.，LTD."，设置文本的大小为"18"，字体为"Century"，设置文字的颜色为"红色，强调文字颜色 2，淡色 40%"，如图 8-17 所示。完成后的效果如图 8-18 所示。

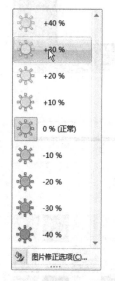

图 8-16　设置图片亮度

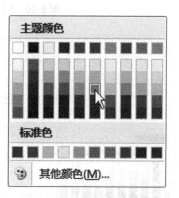

图 8-17　设置文字颜色

图 8-18　完成后的效果

（9）单击"幻灯片母版"标签，切换到"幻灯片母版"选项卡，单击"关闭母版视图"按钮，关闭幻灯片的母版视图返回编辑窗口。此时的演示文稿，除了第 1 张幻灯片与其他幻灯片不同，其他的幻灯片均为同一风格，如图 8-19 所示。

图 8-19　应用母版后的幻灯片效果

8.2.4　制作标题幻灯片

标题幻灯片内容较少，是演示文稿的首页。出现在标题幻灯片上的内容通常是该演示文稿的标题、演示文稿的制作人、制作时间等。基于宣传公司或企业的目的的考虑，在标题幻灯片上人们通常还会使用公司的 Logo 和公司的名称等。

（1）切换到第 1 张幻灯片，单击"插入"标签切换到"插入"选项卡。单击"插图"组中的"图片"按钮，打开"插入图片"对话框。在"插入图片"对话框中，选择公司的 Logo 标志图片后，单击"插入"按钮，将公司的 Logo 标志插入幻灯片中，调整图片的大小并移动 Logo 图片到如图 8-20 所示的位置。

（2）选中插入幻灯片中的图片，单击"图片工具 - 格式"标签切换到"图片工具 - 格式"选项卡。单击"调整"组中的"重新着色"按钮，打开列表，单击"设置透明色"选项，此时鼠标指针变成"魔术棒"形。单击 Logo 图标四周的白色，白色区域变成透明色，效果如图 8-21 所示。

图 8-20　插入公司 Logo

图 8-21　修改 Logo 后的效果

（3）单击"开始"标签切换到"开始"选项卡，单击"绘图"组中的"形状"按钮，打开"形状"列表，单击"文本框"形状，在幻灯片上按下鼠标左键并拖动鼠标到适当位置释放，在幻灯片中插入一个文本框，在文本框中输入"南方大力科技有限公司"。设置该文本对象的字体为"华文新魏"，字号为"44"。选中"南方大力科技"6 个字，设置其颜色为"黄色"，选中"有限公司"4 个字，设置其颜色为"白色"。选中该文本框，单击"字体"组中的"加粗"和"文字阴影"按钮。完成后的效果如图 8-22 所示。

（4）采用基本相同的操作，在文本框下添加一个新的文本框，并输入"新员工培训"，设置字体为"华文新魏"，字号为"35"，设置其颜色为"白色"。选中该文本框，单击"字体"组中的"加粗"和"文字阴影"按钮。完成后的效果如图 8-23 所示。

图 8-22　输入演示文稿标题　　　　　　　　图 8-23　输入演示文稿副标题

8.2.5 制作目录幻灯片

在演示文稿内容比较多的情况下，演讲者可以根据需要有选择地讲解演示文稿的内容，为了方便内容的查找通常会在演示文稿的开始处制作整个演示文稿的目录。

（1）切换到第 2 张幻灯片，在该幻灯片中编辑演示文稿的目录。单击"开始"选项卡"绘图"组中的"形状"按钮，打开"形状"列表，在该列表中单击"文本框"选项。

（2）在幻灯片中插入一个文本框，并在文本框中输入"目录"，设置该文本对象的字体、字号和文本颜色等内容后，将文本对象移动到幻灯片的左上角，效果如图 8-24 所示。

图 8-24　目录页标题

（3）单击"绘图"组中的"形状"按钮，打开"形状"列表，在该列表中单击"圆角矩形"选项。在幻灯片中插入一个圆角矩形，用鼠标选中圆角矩形左上侧的黄色控制点，向右拖动，将圆角矩形的圆角修改成半圆形，如图 8-25 所示。

图 8-25　修改圆角矩形的圆角

（4）双击圆角矩形，单击"形状样式"组中的"形状轮廓"按钮，打开"轮廓颜色"设置列表，设置该形状为"无轮廓"，如图 8-26 所示。单击"形状样式"组中的"形状填充"按钮，打开"填充颜色"列表，设置填充色为"金色"，如图 8-27 所示。

（5）单击"形状样式"组中的"形状填充"按钮，打开"填充颜色"列表，选择"渐变"项，在"浅色变体"中选择"线性向下"，如图 8-28 所示。设置完成后的效果如图 8-29 所示。

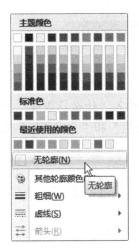

图 8-26　设置形状轮廓

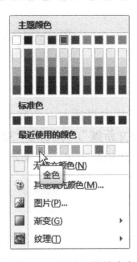

图 8-27　设置形状填充色

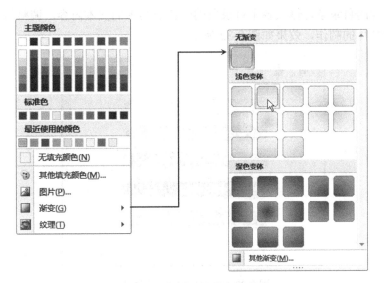

图 8-28　设置形状填充渐变色

图 8-29　设置完成后的效果

（6）单击"绘图"组中的"形状"按钮，打开"形状"列表，在该列表中单击"圆角矩形"选项。在幻灯片中插入一个比上一个圆角矩形略小的圆角矩形，用鼠标选中圆角矩形左上侧的黄色控制点，向右拖动，将圆角矩形的圆角修改成半圆形。设置该圆角矩形的形状轮廓为白色，填充色为金色，填充效果为"深色变体"中的"线性向下"，"形状效果"为"棱台"的"圆"的效果。设置完成后将该圆角矩形移动到上一个圆角矩形的上方，使两个矩形重叠，如图 8-30 所示。

图 8-30　两个圆角矩形重叠后的效果

（7）在幻灯片中再插入一个文本框，在文本框中输入"什么是职业"文本，设置该文本的字体为"华文新魏"，字号为"32"，并设置其"加粗"和"文字阴影"效果。将该文本框对象移动到圆角矩形之上，效果如图 8-31 所示。

图 8-31　文本对象与形状组合后的效果

（8）选中制作完成的目录条，单击"复制"按钮，再单击"粘贴"按钮，在幻灯片上粘贴出多份相同的目录条，修改各个目录条的颜色及其中的文本内容，调整目录条的位置，完成目录页幻灯片的制作，效果如图 8-32 所示。

图 8-32　完成后的目录幻灯片

8.2.6　制作职业内涵幻灯片

制作完目录幻灯片之后，就需要制作演示文稿的主体内容部分了。下面先来制作"什么是职业"幻灯片，该内容的幻灯片一共分为 3 页，主要由文本与图片组成，制作完成的效果如图 8-33 所示。

图 8-33　"什么是职业"幻灯片效果

（1）单击"开始"标签切换到"开始"选项卡，单击该选项卡中"幻灯片"组中的"新建幻灯片"按钮，打开"Office 主题"幻灯片列表，从中选择"空白"版式的幻灯片，在演示文稿中添加一张新的幻灯片。采用相同的操作方法，再插入 2 张空白幻灯片。

（2）切换到新插入的第 1 张幻灯片，在标题处插入一个文本框，并在文本框中输入"什么是职业？"文本，设置该文本对象的字体为"华文行楷"，字号为"44"，并设置该文本对象的"加粗"和"文字阴影"效果。设置完成后的效果如图 8-34 所示。

什么是职业？

图 8-34　幻灯片标题效果

（3）在幻灯片中插入两个文本框，在一个文本框中输入"1.什么是职业"，另一个文本框中输入"职业是一个人参与社会劳动、获取社会报酬并获得社会认可的方式或途径。"，并对这两个文本框分别设置字体、字号及字体颜色等项目。

（4）单击"插入"标签切换到"插入"选项卡，单击"插图"组中的"图片"按钮，打开"插入图片"对话框。调整对话框中的"查找范围"，找到需要插入幻灯片中的图片，选中图片，单击"插入"按钮，将所选图片插入幻灯片中。移动图片到合适的位置后，对图片的大小进行适当的调整。

（5）在幻灯片中再插入一个文本框，并在文本框中输入"小偷是一种职业吗？"，对该文本对象的字体、字号及文字颜色进行设置，设置完成后的效果如图 8-35 所示。

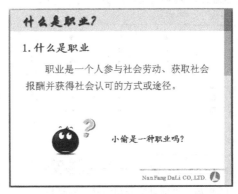

（6）切换到另一张幻灯片中，采用与上述类似的操作方法在该幻灯片中输入相应的文本内容，并对文本内容进行必要的设置，如图 8-36 所示。

（7）选中"以实用为导向的知识……价值观"文本对象，单击"开始"标签，在"开始"选项卡中单击"段落"组中的"项目符号"按钮，打开"项目符号"列表，如图 8-37 所示。

图 8-35　幻灯片的效果

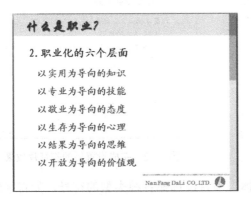

图 8-36　在幻灯片中输入文本

图 8-37　项目符号列表

（8）在该列表中选择第 3 行第 2 列"带填充效果的圆形项目符号"，将该项目符号应用于所选的文本对象。在幻灯片的右侧插入一幅图片，最终效果如图 8-38 所示。

（9）切换到下一张幻灯片，在幻灯片中输入标题并参照前面幻灯片的标题设置格式设置相同的格式。在幻灯片中输入文本内容，并为文本内容设置格式、项目符号等，效果如图 8-39 所示。

图 8-38　完成后幻灯片的效果

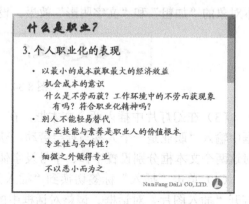

图 8-39　"个人职业化的表现"幻灯片

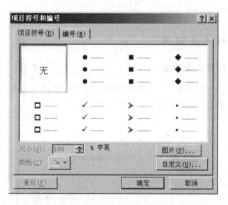

图 8-40　"项目符号和编号"对话框

（10）选中"机会成本……精神吗？"文本，单击"段落"组中"项目符号"按钮旁的下三角，打开"项目符号"列表，如图 8-37 所示。单击该列表中的"项目符号和编号"项，打开如图 8-40 所示的"项目符号和编号"对话框，在该对话框中单击"自定义"按钮，打开"符号"对话框，如图 8-41 所示，从中选择合适的符号后单击"确定"按钮返回"项目符号和编号"对话框，再单击"确定"按钮完成自定义项目符号的设置。完成后的效果如图 8-42 所示。

图 8-41　"符号"对话框

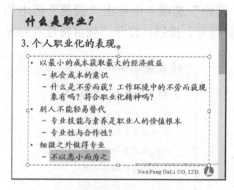

图 8-42　完成设置后的幻灯片效果

在"符号"对话框中可以通过调整"字体"项目，选择各种类型的符号，如将字体设置为"Wingdings"，系统提供多种类型的符号，如图 8-43 所示。

在"项目符号和编号"对话框中，可以单击"图片"按钮，打开如图 8-44 所示的"图片项目符号"对话框，在此对话框中选择合适的图片作为项目符号。如果对图片效果不满意，可以单击"导入"按钮，打开"将剪辑添加到管理器"对话框，如图 8-45 所示，调整路径，将自己收集的个性图片作为项目符号设置到文本中。

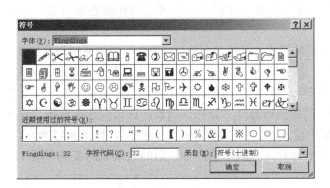

图 8-43　系统提供的多种类型符号　　　　　　图 8-44　"图片项目符号"对话框

图 8-45　"将剪辑添加到管理器"对话框

8.2.7　制作价值观幻灯片

演示文稿中的价值观幻灯片共分为 3 页，主要由文本、图片和 SmartArt 图形组成，制作完成的效果如图 8-46 所示。

（1）在演示文稿中添加 3 张新的空白幻灯片，切换到第 5 张幻灯片，选中幻灯片标题，单击"复制"按钮，切换到第 6 张幻灯片，单击"粘贴"按钮，将第 5 张幻灯片的标题复制到第 6 张幻灯片中。选中第 6 张幻灯片中的标题，将其内容修改为"价值观是什么？"，并将其移动到标题位置。

图 8-46　价值观幻灯片的效果

（2）在幻灯片中插入一个文本框，输入内容并设置文本格式及字体颜色等内容。再在幻灯片中插入图片。

（3）切换到第 7 张幻灯片，采用相同的操作方法将前面幻灯片制作的标题复制到该幻灯片中，修改其中的内容为"价值观的分类"。插入一个文本框，输入文本内容并设置格式等项目，为文本中的部分内容设置自定义的项目符号。单击"开始"标签，切换到"开始"选项卡，选中文本内容，单击"段落"组中的"分栏"按钮打开"分栏"列表，在该列表中选择"更多栏"，打开"分栏"对话框。在该对话框中设置"2 栏"，间距为"1.5 厘米"，如图 8-47 所示。

（4）单击"确定"按钮，并对文本框进行适当的调整，分栏后的效果如图 8-48 所示。

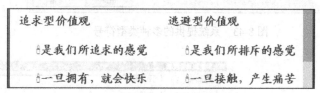

图 8-47　设置分栏　　　　　　　　　　图 8-48　设置分栏后的效果

（5）在第 7 张幻灯片中插入两幅图片，并对图片的位置进行调整，设置结束后选中幻灯片标题，单击"复制"按钮，切换到第 8 张幻灯片，单击"粘贴"按钮将前一张幻灯片的标题复制到新幻灯片中。

（6）修改幻灯片标题为"工具性价值和终极性价值"。单击"插入"标签，切换到"插入"选项卡，单击该选项卡"插图"组中的"SmartArt"按钮，打开"选择 SmartArt 图形"对话框，如图 8-49 所示。

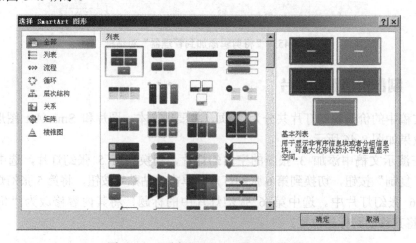

图 8-49　"选择 SmartArt 图形"对话框

（7）在"选择 SmartArt 图形"对话框中选择"垂直 V 形列表"图形，在幻灯片中插入一个垂直 V 形列表图形，如图 8-50 所示。

（8）选中 SmartArt 图形的第一行，单击鼠标右键，在快捷菜单中选择"添加形状"中的"在后面添加形状"命令，如图 8-51 所示，在插入的 SmartArt 图形中插入一行，效果如图 8-52 所示。

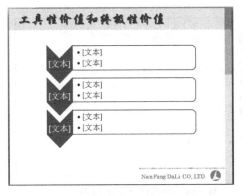

图 8-50　插入 SmartArt 图形

图 8-51　执行添加形状命令

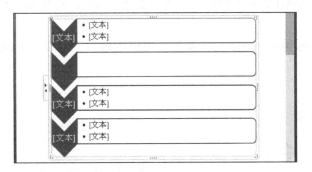

图 8-52　在 SmartArt 图形中插入一行

（9）在 SmartArt 图形中输入需要的文本，如图 8-53 所示。

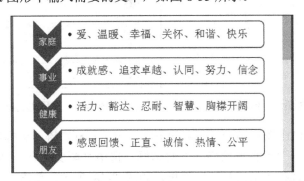

图 8-53　输入文本

（10）选中图形，单击"SmartArt 工具 - 设计"标签，切换到"SmartArt 工具 - 设计"选项卡。单击"SmartArt 样式"组中的"其他"按钮，打开"SmartArt 样式"列表，如图 8-54 所示。

（11）选择列表里"三维"组中的第一个样式应用于 SmartArt 图形，效果如图 8-55 所示。

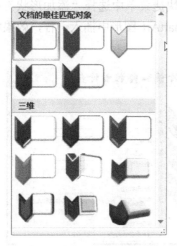

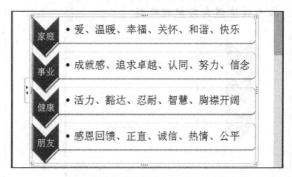

图 8-54   SmartArt 样式列表　　　　　　　　　　图 8-55   应用样式后的图形

（12）单击"SmartArt 样式"组中的"更改颜色"按钮，打开如图 8-56 所示的"主题颜色"列表。

（13）选择"主题颜色"列表里"彩色"组中的最后一项应用于图形，效果如图 8-57 所示。

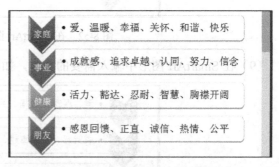

图 8-56   "主题颜色"列表　　　　　　　　　　图 8-57   应用主题颜色后的效果

（14）选中 SmartArt 图形第一行右侧的形状，单击鼠标右键，选择快捷菜单中的"设置形状格式"命令，打开"设置形状格式"对话框。选中"渐变填充"，单击"预设颜色"按钮，在打开的列表中选择"雨后初晴"效果，如图 8-58 所示。单击"关闭"按钮，返回幻灯片编辑窗口，设置后的图形效果如图 8-59 所示。

（15）采用相同的方法设置其他 3 个形状的格式，设置完成后的幻灯片效果如图 8-60 所示。

（16）在演示文稿中添加多张空白幻灯片，在新添加的幻灯片中制作"'大力'精神"演示文稿，效果如图 8-61 所示。

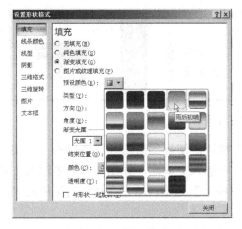

图 8-58 设置形状格式

图 8-59 设置形状格式后的效果

图 8-60 设置完成后的幻灯片效果

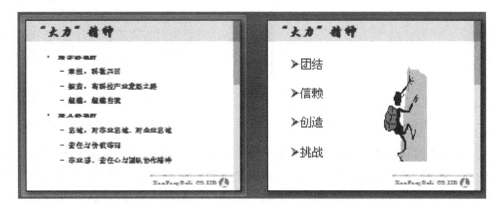

图 8-61 "'大力'精神"幻灯片效果

8.2.8 制作企业概况幻灯片

演示文稿中的企业概况幻灯片共分为 4 页，主要由文本、图片和图表等内容组成，制作完成后的效果如图 8-62 所示。

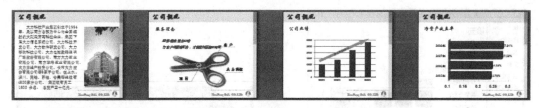

图 8-62   企业概况幻灯片效果

（1）选中"'大力'精神"标题，单击"复制"按钮，切换到新幻灯片中单击"粘贴"按钮，修改其中的内容为"公司概况"。在该幻灯片中插入文本框，并在文本框中输入公司的基本情况，设置文本的字体与字号等项目。单击"插入"标签，单击"插图"组中的"图片"按钮，在幻灯片中插入公司大楼图片。

（2）切换到新幻灯片中，输入幻灯片中的文本内容并进行设置，效果如图 8-63 所示。单击"插入"标签，单击"插图"组中的"图片"按钮，在幻灯片中插入剪刀图片。单击"开始"标签，单击"开始"选项卡"插图"组中的"形状"按钮，在打开的列表中选择"椭圆"形状，在幻灯片中绘制一个小圆。双击该小圆，单击"绘图工具 - 格式"选项卡"大小"组中的对话框启动器，打开"大小和位置"对话框，设置小圆的大小为：高度"0.6厘米"，宽度"0.6 厘米"，如图 8-64 所示。

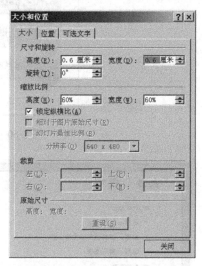

图 8-63   幻灯片效果   图 8-64   "大小和位置"对话框

（3）单击"形状样式"组中的"形状填充"按钮，设置形状填充色为"红色"，单击"形状轮廓"按钮，设置形状"无轮廓"。单击"开始"标签，单击"开始"选项卡"剪贴板"组中的"复制"按钮，单击两次"粘贴"按钮，在幻灯片中复制出两个相同的红色小圆，移动 3 个小圆到如图 8-65 所示的位置。

（4）单击"绘图"组中的"形状"按钮，在打开的列表中选择"直线"，在幻灯片中绘制若干条直线，如图 8-66 所示。

（5）选中一条直线并双击，单击"形状样式"组的对话框启动器，打开"设置形状格式"对话框，在"线型"项目中设置线型宽度为"1 磅"，短画线类型为"短画线"，如图 8-67所示。在"线条颜色"项目中设置线条颜色为红色。选中设置后的线条，单击"开始"标签，双击"剪贴板"组中的格式刷按钮，依次单击其他的线条，将格式复制到其他线条上，完成后的效果如图 8-68 所示。

图 8-65　移动小圆到合适的位置

图 8-66　绘制直线

图 8-67　设置线条形状

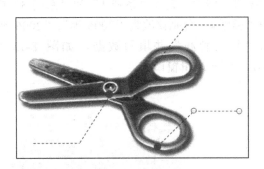

图 8-68　设置线条的格式

（6）在幻灯片中再插入 3 个文本框，在文本框中输入文字并设置格式，对各个文本的位置进行调整。按住 Shift 键，依次选中各个对象，如图 8-69 所示，单击鼠标右键，在快捷菜单中选择"组合"中的"组合"命令，将各个独立的对象组合成一个整体，完成后的效果如图 8-70 所示。

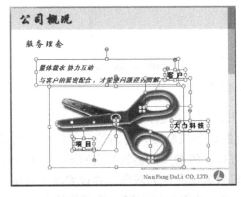

图 8-69　选中各个独立对象

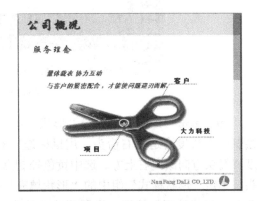

图 8-70　组合各个独立对象

（7）切换到新幻灯片，制作幻灯片标题及小标题等项目后，单击"插入"标签切换到"插入"选项卡，单击"插图"组中的"图表"按钮，打开"插入图表"对话框，在该对话框中选择"簇状柱形图",如图 8-71 所示,单击"确定"按钮。

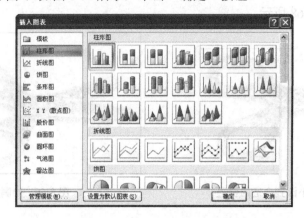

图 8-71 "插入图表"对话框

(8)系统会打开一个 PPT 窗口和一个 Excel 窗口,如图 8-72 所示。在 Excel 窗口中对数据进行修改:删除"系列 1"和"系列 3"中的数据;将"类别 1"、"类别 2"、"类别 3"和"类别 4"分别修改为"2005 年"、"2006 年"、"2007 年"和"2008 年";将"系列 2"改为"税后利润"并填写数据,如图 8-73 所示。修改完成后关闭 Excel 窗口,返回 PowerPoint 编辑窗口。

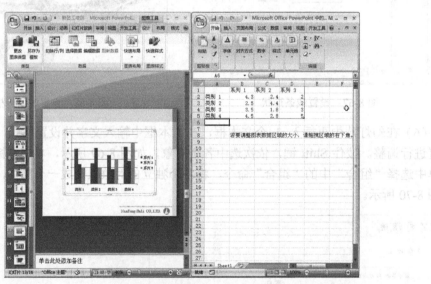

图 8-72 两个并列窗口

(9)单击"绘图"组中的"形状"按钮,在打开的列表中选择"右箭头",在幻灯片中绘制一个长度合适的右箭头,用鼠标选中右箭头上的绿色控制点,将右箭头旋转一定的角度,箭头方向改向右上方。选中黄色控制点,向左方拉,将箭头调整为较尖的形式。双击箭头,单击"形状样式"组中的"形状填充"按钮,设置其填充色为灰色,并设置渐变效果;单击"形状轮廓"按钮,设置形状无轮廓。选中形状,单击鼠标右键,选择快捷菜单中的"编辑文字"命令,输入"增长率 169%",完成后的效果如图 8-74 所示。采用同样的操作方法完成下一张幻灯片的制作,效果如图 8-75 所示。

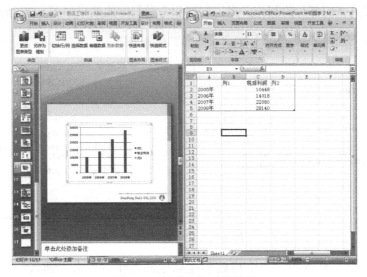

图 8-73　修改数据后的效果

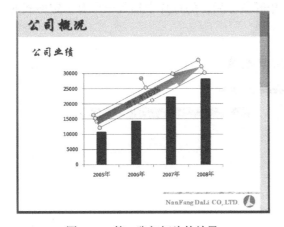

图 8-74　第 3 张幻灯片的效果

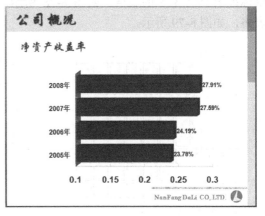

图 8-75　第 4 张幻灯片的效果

8.2.9　制作规章制度幻灯片

演示文稿中的规章制度幻灯片共分为 4 页，主要由文本、形状和表格等内容组成，制作完成的效果如图 8-76 所示。

图 8-76　规章制度幻灯片效果

（1）选中"公司概况"标题，单击"复制"按钮，切换到新幻灯片中单击"粘贴"按钮，修改其中的内容为"规章制度"。按照前面的操作方法完成规章制度的用工制度、考勤制度和财务制度几张幻灯片的制作，用工制度和考勤制度的效果如图 8-77 所示。

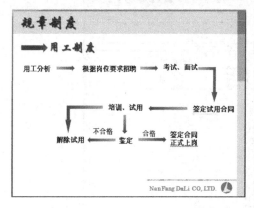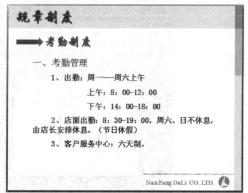

图 8-77　用工制度和考勤制度幻灯片效果

（2）切换到新幻灯片中，完成标题和副标题的制作。单击"插入"标签切换到"插入"选项卡，单击"表格"组中的"表格"按钮，打开"插入表格"列表，在表格列表中用鼠标拖出一个 3×5 的表格，如图 8-78 所示。松开鼠标后，幻灯片中插入一个有一定格式的表格，如图 8-79 所示。

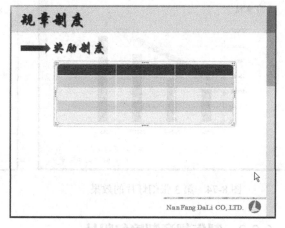

图 8-78　插入表格　　　　　　　　图 8-79　插入表格后的幻灯片

（3）在幻灯片表格中输入奖励制度的内容，如图 8-80 所示。

奖项名	评选标准	数量
金星奖	突出贡献奖	10
金豚奖	最佳服务奖	10
金花奖	优秀员工奖	10
金弓奖	最佳新人奖	10
金钻奖	最佳业务员	20

图 8-80　在表格中输入内容

（4）选中表格，单击"表格工具 - 设计"标签，单击"表格样式"组中的"其他"按钮，打开"表格样式"列表，如图 8-81 所示。

（5）在表格样式列表中选择"中度样式 1 - 强调 6"样式应用于表格中，如图 8-82 所示。

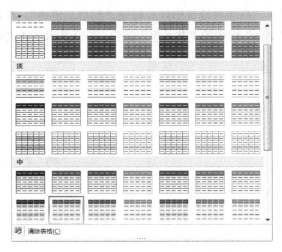

图 8-81　表格样式列表

奖项名	评选标准	数量
金星奖	突出贡献奖	10
金豚奖	最佳服务奖	10
金花奖	优秀员工奖	10
金弓奖	最佳新人奖	10
金钻奖	最佳业务员	20

图 8-82　应用样式后的表格

（6）选中表格中的文字对象，单击"表格工具 - 布局"标签，单击"对齐方式"组中的"水平居中"和"垂直居中"按钮，设置文本位置为单元格的中间。用鼠标拖动表格外框，调整表格的大小到合适的尺寸，完成表格的设置，效果如图 8-83 所示。

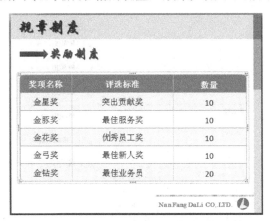

图 8-83　奖励制度幻灯片效果

8.2.10　制作结束幻灯片

结束幻灯片通常由一张文稿组成，内容一般是表示感谢的词语、幻灯片制作人的信息及联系方式等。新员工培训演示文稿的演示对象是新进企业的员工，所以幻灯片中没有联系方式信息，只有感谢的词语和幻灯片制作信息，效果如图 8-84 所示。

（1）切换到新幻灯片，添加并设置幻灯片标题"新员工培训"。单击"插入"标签切换到"插入"选项卡，单击"文本"组中的"艺术字"按钮，打开艺术字样式列表，如图 8-85 所示。

图 8-84　结束幻灯片效果

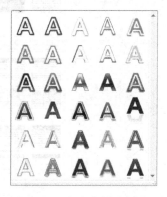

图 8-85　艺术字样式列表

（2）在艺术字样式列表中选择最后一行第二列的样式，在幻灯片中添加一个占位符，在该占位符中输入"谢谢大家"，选中占位符，设置艺术字字体为"华文形楷"，并设置加粗、文字阴影效果，如图 8-86 所示。

图 8-86　设置艺术字效果

（3）单击"绘图工具 - 格式"标签，切换到"绘图工具 - 格式"选项卡，单击该选项卡"艺术字样式"组中的"文本效果"按钮，在打开的列表中选择"转换"项，打开转换样式列表，如图 8-87 所示。

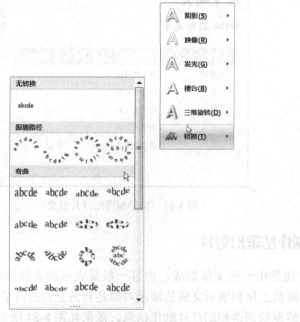

图 8-87　转换样式列表

（4）在转换样式列表中选择"弯曲"组中的"倒三角"样式应用于艺术字中，效果如图 8-88 所示。

图 8-88 应用转换样式后的艺术字效果

（5）将光标移动到占位符左上角的控制点上，当鼠标箭头变成 45° 双箭头时，按下左键拖动控制点，将艺术字调整到合适的大小后松开左键释放鼠标，此时的艺术字会变得比较大。

（6）在幻灯片中再插入一幅图片放置在左下角的位置，在右下角完成"大力集团人力资源部"文本对象的添加，形成如图 8-84 所示的幻灯片效果。

8.3 设置超链接

制作完新员工培训演示文稿的相关内容后，为了便于用户的使用与观看，可以为其中的幻灯片添加超链接功能，为目录幻灯片中的条目对象分别设置超链接，将条目与相应的幻灯片进行连接，以实现放映时的跳转。

（1）切换到第一张幻灯片，单击"插入"标签切换到"插入"选项卡，选中第一张幻灯片中的公司 Logo 图片，单击"链接"组中的"超链接"按钮，打开如图 8-89 所示的"插入超链接"对话框。

图 8-89 "插入超链接"对话框

（2）在"链接到"列表中选择"原有文件或网页"，在"地址"文本框中输入要链接到的公司网址"www.dali.com"，单击"屏幕提示"按钮，打开如图 8-90 所示的"设置超链接屏幕提示"对话框。在该对话框"屏幕提示文字"下面的文本框中输入"公司网站"，单击"确定"按钮，返回"插入超链接"对话框，单击"确定"按钮返回幻灯片编辑窗口，完成公司网站超链接的设置。

（3）单击"幻灯片放映"按钮，当鼠标移动到公司 Logo 上时，鼠标变成手形，并有"公司网站"的提示信息，如图 8-91 所示。单击该链接点，系统会启动浏览器，在网络正常的情况下，可以打开公司网站的主页。

图 8-90   "设置超链接屏幕提示"对话框

图 8-91   幻灯片播放时的超链接效果

（4）关闭幻灯片的放映窗口返回编辑窗口。切换到第 2 张幻灯片，选中"什么是职业"文本框，单击"链接"组中的"超链接"按钮，打开如图 8-89 所示的"插入超链接"对话框。选中"本文档中的位置"，在"请选择文档中的位置"列表中选中"幻灯片 3"，如图 8-92 所示，单击"确定"按钮完成超链接的设置。

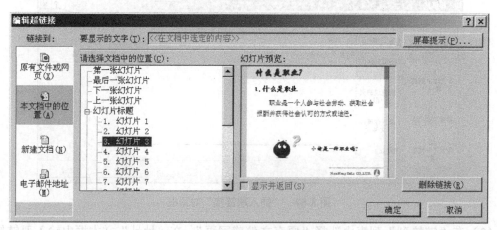

图 8-92   选择本文档的链接对象

（5）采用相同的操作方法分别设置"目录"幻灯片中其他条目的超链接。切换到第 3 张幻灯片，单击"开始"选项卡"绘图"组中的"形状"按钮，打开"形状"列表，选择"动作按钮"组中的第 5 个按钮，如图 8-93 所示。选择动作按钮后，鼠标形状变成十字形，在幻灯片中按下左键，拖出动作按钮的形状，松开鼠标系统会打开"动作设置"对话框。

图 8-93　添加动作按钮

（6）在"动作设置"对话框中选择"单击鼠标"选项卡，选中"超链接到"单选按钮，单击"第一张幻灯片"旁的下三角，在打开的列表中选择"幻灯片…"项，如图 8-94 所示，打开"超链接到幻灯片"对话框。

（7）在该对话框中选择"幻灯片 2"，如图 8-95 所示，单击"确定"按钮返回"动作设置"对话框，单击"确定"按钮返回幻灯片编辑窗口。双击动作按钮，单击"形状样式"组中的"形状填充"按钮，在打开的列表中选择"无填充颜色"选项设置形状无填充色。将设置好的形状移动到幻灯片的右上角，效果如图 8-96 所示。

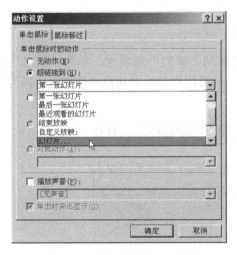
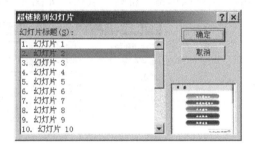

图 8-94　"动作设置"对话框　　　　图 8-95　"超链接到幻灯片"对话框

图 8-96　在幻灯片中添加动作按钮

（8）选中动作按钮，单击"复制"按钮，切换到其他幻灯片中，单击"粘贴"按钮，将该动作按钮粘贴到需要的幻灯片中。这样在幻灯片的放映过程中，用户可以根据需要随时返回目录幻灯片。

8.4　幻灯片的审阅

演示文稿在放映时出现错误内容是一件比较尴尬的事情，所以演示文稿制作完成后，用户还应该对演示文稿中的内容进行校对。校对的内容包括拼写检查、信息检索，以及查找更加合适的同义词等。如果演示文稿是替领导制作的，还需要将文稿提供给领导进行审阅，看看是否符合领导的意图。

（1）在默认状态下演示文稿处于自动拼写检查状态，系统会将检查到的文字错误之处用红色的波浪线标注出来，如图 8-97 所示。

图 8-97　系统自动标注的错误

（2）选中要校对的文本，单击"审阅"标签切换到"审阅"选项卡，单击"校对"组中的"拼写检查"按钮，打开"拼写检查"对话框，如果用户确认自动校对检查出的词为正确的，则可以单击"忽略"按钮，如图 8-98 所示。

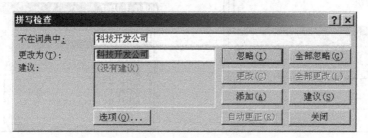

图 8-98　"拼写检查"对话框

（3）单击"忽略"按钮后，原来添加在文本下面的红色波浪线即可消失。如果文本中的错误内容较多，系统会要求用户继续检查，如果拼错的词句实际上正是要使用的词句，希望识别此单词，而不将其视为拼写错误，可以单击"拼写检查"对话框中的"添加"按钮，将该单词添加到自定义词典中。拼写检查结束后，系统会给出如图 8-99 所示的消息框，告知用户拼写检查结束。

图 8-99　拼写检查结束消息框

（4）切换到第 13 张幻灯片，选中图表，单击"批注"组中的"新建批注"按钮，在幻灯片中显示一个批注缩略图和批注框，在批注框中输入批注内容，如图 8-100 所示。

（5）输入批注后，单击批注框外的位置，可以看到幻灯片中只显示批注缩略图，把鼠标指针指向批注缩略图，会出现批注框，批注框中有审阅者的姓名、批注内容及批注时间，如图 8-101 所示。

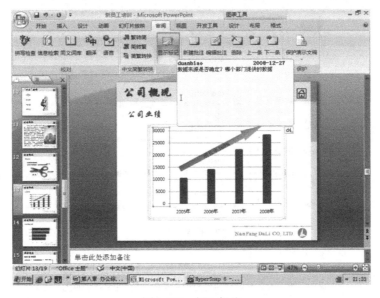

图 8-100 插入批注

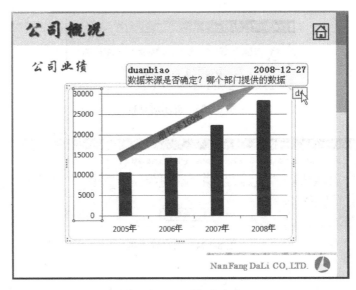

图 8-101 显示批注内容

（6）演示文稿编辑完成后，为了防止他人对文稿进行修改，用户可以使用"标记为最终状态"命令将文档设置为只读。单击"Office 按钮"，在打开菜单的"准备"级联菜单中单击"标记为最终状态"命令，如图 8-102 所示。

（7）此时系统会打开一个提示对话框，如图 8-103 所示，提示用户演示文稿将先被标记为最终版本，然后保存。在提示对话框中单击"确定"按钮，会再打开一个提示框，如图 8-104 所示，提示用户演示文稿已经被标记为最终状态，不可以再对其进行修改，单击"确定"按钮，返回演示文稿中，如果再对文稿进行操作，将不能实现。演示文稿编辑窗口的一些修改标签全部不可用，如图 8-105 所示。

图 8-102   "标记为最终状态"命令

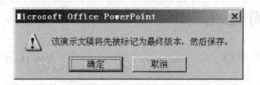

图 8-103   提示对话框

图 8-104   消息确定框

图 8-105   不能使用的各项功能

8.5   幻灯片的打印与打包

    演示文稿制作完成后，除了放映外，用户还可以将其打印出来或打包转移到其他计算机上。打包后的演示文稿在没有安装 PowerPoint 2007 的情况下，运用其他播放器同样可以进行播放。

（1）单击"Office 按钮"，在打开的下拉菜单中选择"打印"项，在级联菜单中选择"打印预览"命令。此时幻灯片编辑窗口被打印预览窗口取代，用户可以通过打印预览窗口查看演示文稿的打印效果，如图 8-106 所示。

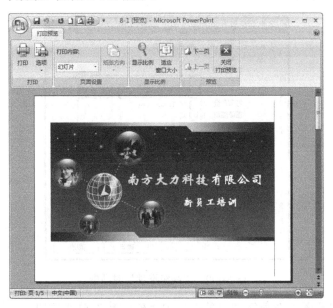

图 8-106　打印预览窗口

（2）如果对幻灯片的打印预览效果比较满意，可以将幻灯片打印出来。单击"Office 按钮"，在打开的下拉菜单中选择"打印"项，在级联菜单中选择"打印"命令。在计算机安装了打印机的情况下，系统会打开"打印"对话框，如图 8-107 所示。

（3）单击"属性"按钮，可以打开"文档属性"对话框，在"布局"选项卡中单击"每张纸打印的页数"列表框右侧的下拉按钮，在打开的列表中选择每张纸打印的幻灯片张数，如图 8-108 所示。

图 8-107　"打印"对话框

图 8-108　选择每张纸打印的页数

（4）单击"高级"按钮可以进行布局的高级设置。在打开的"高级选项"对话框中，单击"纸张规格"列表框右侧的下拉按钮，可以选择需要的纸张规格，如图 8-109 所示。设置完毕后，单击"确定"按钮关闭该对话框，返回"文档属性"对话框，单击"确定"按钮，返回"打印"对话框。

图 8-109   "高级选项"对话框

（5）在"打印范围"选项区域中单击选中"幻灯片"单选按钮，在右侧的文本框中输入要打印幻灯片的范围，如图 8-110 所示。

（6）单击"打印内容"列表框右侧的下拉按钮，在打开的列表中选择要打印的内容，单击"幻灯片"选项，如图 8-111 所示。

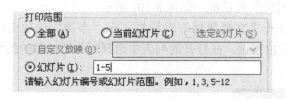   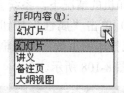

图 8-110   设置"打印范围"   图 8-111   设置"打印内容"

（7）单击"打印份数"文本框右侧的微调按钮，设置打印文稿份数为"2"份，勾选"逐份打印"复选框，表示打印完一份文稿后接着打印另一份文稿，如图 8-112 所示。

（8）勾选对话框中的"根据纸张调整大小"复选框及"给幻灯片加框"复选框，如图 8-113 所示，单击"确定"按钮进行打印。

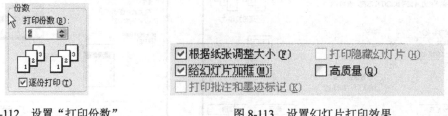

图 8-112   设置"打印份数"   图 8-113   设置幻灯片打印效果

（9）单击"Office 按钮"，在打开的菜单中单击"发布"项，在级联菜单中选择"CD 数据包"命令，打开"打包成 CD"对话框，如图 8-114 所示。

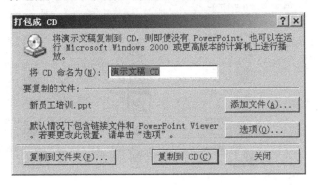

图 8-114　"打包成 CD"对话框

（10）单击"复制到文件夹"按钮，打开"复制到文件夹"对话框，在"文件夹名称"文本框中输入"新员工培训"，作为复制的文件夹名称，如图 8-115 所示。再单击"浏览"按钮，在打开的"选择位置"对话框中设置需保存的文件位置，单击"选择"按钮。

图 8-115　"复制到文件夹"对话框

（11）如果打包的演示文稿中包含有链接的文件内容，则会同时将链接复制，如图 8-116 所示。在打开的对话框中单击"是"按钮，系统开始复制文件，并打开相应的对话框提示用户正在复制到文件夹中，如图 8-117 所示。

图 8-116　打包链接文件

正在将文件复制到文件夹

正在复制 C:\...\Administrator\桌面\第八章\案例\新员工培训.pp...

图 8-117　复制文件到文件夹

（12）复制完成后，用户可以打开保存的复制文件夹，在该文件夹中可以看到系统保存了所有与演示文稿相关的内容，如图 8-118 所示。打包后的演示文稿更加方便用户的携带，并可运用其他的播放器对演示文稿进行放映。

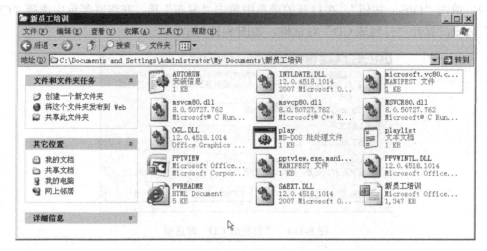

图 8-118 打包后文件夹中包含的内容

本章练习

1. 你们学校将开展创业实践活动，学校免费提供场地，学生自主经营，所有的利润全部归学生所有。但学生的经营项目必须通过学校的认可，而且每个经营需要向校方提交可行性方案。请你制作一个可行性方案的演示文稿，向学校领导展示。

2. 学校的学生会将面向全体新生进行补选工作，请你制作一个个人介绍演示文稿向人们展示你的才能，力争更多的新生投你一票。

第 9 章　办公综合实战——企划方案的制作

📝 内容导读

本章是演示文稿的综合应用，包含的内容基本上都在前面章节中做过专门的介绍，如文本操作、图片操作、项目符号、图表操作、表格操作、超链接的使用、动画效果的设置及幻灯片切换的效果等，涉及的新知识点只有将演示文稿发布为网页，在学习过程中应将重点放在各种知识的熟练使用及演示文稿设计与制作的基本流程上。

9.1　方案规划

为了使企业的产品得到更好的推广，以促进销售、提高产量，企业常常需要做产品宣传推广的活动，在进行这些宣传推广活动之前，企业会自己制作或委托广告公司制作企划方案。本章将为用户介绍制作一个品牌牛奶进入一个新城市的产品推广企划方案。

一个新的品牌打入市场时需要分析的内容比较多，通常应分析以下几项内容：

（1）运作难度的评估；

（2）核心用户群分析；

（3）公关主题的确定；

（4）公关策略的制定；

（5）宣传节奏的确定；

（6）竞争对手分析；

（7）自己的劣势；

（8）财务预算。

9.2　制作演示文稿

在制作演示文稿之前，通常先要为整个演示文稿设计一套颜色方案，用户可以运用母版进行自定义，也可以运用主题样式，直接套用 PowerPoint 2007 提供的方案效果。

9.2.1　制作企划方案的首页

在编辑制作演示文稿内容时，首先需要为其创建一个精美的封面，让浏览者产生一个全新的感觉，从而达到让人过目不忘的目的。

（1）打开保存演示文稿的文件夹，在空白处单击鼠标右键，在快捷菜单中选择"新建"命令，在级联菜单中选择"Microsoft Office PowerPoint 演示文稿"命令，如图 9-1 所示，在文件夹中建立一个空的演示文稿文件，将此演示文稿文件命名为"两仪牛奶企划方案"。

（2）双击新建立的演示文稿图标，在启动 PowerPoint 2007 的同时也打开此演示文稿。由于此演示文稿没有内容，所以打开的是一个空文稿，如图 9-2 所示。

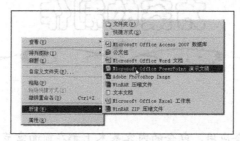

图 9-1　新建演示文稿

图 9-2　无内容的演示文稿

（3）单击"单击此处添加第一张幻灯片"，在演示文稿中添加一张幻灯片。单击"设计"标签切换到"设计"选项卡，单击"主题"组中的"其他"按钮，打开如图 9-3 所示的"主题"列表。

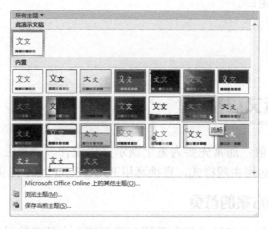

图 9-3　"主题"列表

（4）单击"主题"列表中的"流畅"主题，该主题即应用于演示文稿中，如图 9-4 所示。在幻灯片中输入标题与副标题内容，并对文本的大小进行调整，完成后的效果如图 9-5 所示。

图 9-4　主题应用于演示文稿

图 9-5　输入标题与副标题

（5）单击"插入"标签，切换到"插入"选项卡。单击"插图"组中的"图片"按钮，打开"插入图片"对话框，调整查找范围到 logo 存放的文件夹，如图 9-6 所示。选中 logo 图标，单击"插入"按钮，将 logo 图标插入幻灯片中，移动 logo 图片到合适的位置，效果如图 9-7 所示。

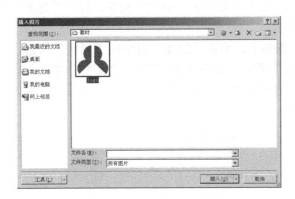

图 9-6　"插入图片"对话框

图 9-7　幻灯片效果

9.2.2　制作目录页

目录是演示文稿的一个索引，浏览目录内容，用户可以大致了解演示文稿表述的主要内容。在演示文稿内容比较多的情况下，目录页可以帮助演讲者根据观众的情况有选择地讲解演示文稿的内容。

（1）单击"开始"标签切换到"开始"选项卡，单击"幻灯片"组中的"新建幻灯片"按钮，打开幻灯片版式列表，如图 9-8 所示。

（2）单击"空白"版式，在演示文稿中插入一张空白幻灯片。单击"视图"标签切换到"视图"选项卡，单击"演示文稿视图"组中的"幻灯片母版"按钮，打开幻灯片母版视图，如图 9-9 所示。

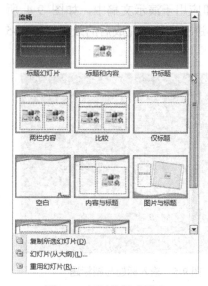

图 9-8　幻灯片版式列表

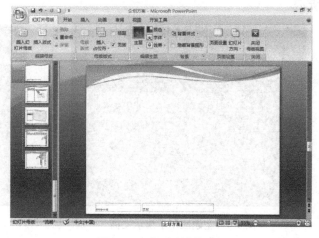

图 9-9　幻灯片母版视图

（3）单击"插入"标签切换到"插入"选项卡，单击"插图"组中的"图片"按钮，打开"插入图片"对话框，选择公司 Logo 图片插入幻灯片中。在幻灯片中调整图片的大小，并将其移动到幻灯片的右下角。

（4）单击"图片工具 - 格式"标签，单击"调整"组中的"亮度"按钮，打开"亮度"列表，从中选择"+40%"选项，如图 9-10 所示。

（5）单击"开始"标签切换到"开始"选项卡，单击"绘图"组中的"形状"按钮，打开"形状"列表，在该列表中选择"文本框"形状，如图 9-11 所示。在幻灯片中插入一个文本框，并在文本框中输入"两仪牛奶"，设置文本格式及字体类型等，完成后的效果如图 9-12 所示。

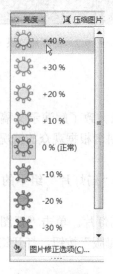

图 9-10　设置亮度

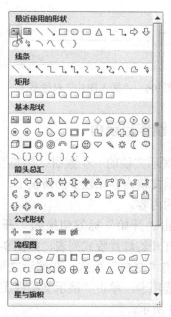

图 9-11　形状列表

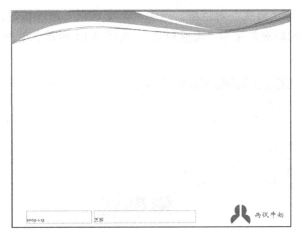

图 9-12　幻灯片效果

（6）单击"幻灯片母版"标签，单击"关闭母版视图"按钮关闭母版视图返回幻灯片编辑窗口。单击"开始"标签切换到"开始"选项卡，单击"绘图"组中的"形状"按钮，打开"形状"列表，在"形状"列表中选择"垂直文本框"形状，在幻灯片中添加一个垂直文本框，在文本框中输入"主要内容"，并设置字体为"华文形楷"、字号为"60"、字体颜色为"青绿，强调文字颜色 3，深色 25%"。单击"绘图"组中的"形状"按钮，打开"形状"列表，在该列表中选择"文本框"形状，在幻灯片中添加一个文本框，并在文本框中分行输入演示文稿主要需要表达的内容。

（7）选中输入的文本内容，单击"段落"组中的"项目符号"按钮，打开项目符号列表，从中选择"带填充效果的钻石形项目符号"应用于文本中。设置文本的字体为"华文形楷"、字号为"32"、字体颜色为"青绿，强调文字颜色 3，深色 25%"。

（8）单击"绘图"组中的"形状"按钮，打开"形状"列表，在该列表中选择"圆角矩形"形状，在幻灯片中绘制一个圆角矩形。用鼠标拖动圆角矩形左上角的黄色控制按钮，调节圆角矩形的圆角弧度。双击圆角矩形调出"绘图工具 - 格式"选项卡，单击"形状样式"组中的"形状轮廓"按钮，在打开的列表中选择"无轮廓"，单击"形状填充"按钮，在打开的列表中选择"渐变"项，打开"渐变效果"列表，选择"其他渐变"项，如图 9-13 所示。

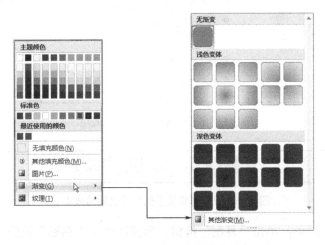

图 9-13　设置圆角矩形的渐变效果

（9）打开"设置形状格式"对话框，选中"渐变填充"单选按钮，单击"预设颜色"按钮，设置圆角矩形的填充效果为"雨后初晴"，如图 9-14 所示。单击"关闭"按钮，返回幻灯片编辑窗口。

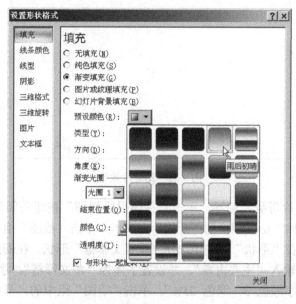

图 9-14   设置圆角矩形的填充效果

（10）选中圆角矩形，单击鼠标右键，在快捷菜单中选择"置于底层"命令，在级联菜单中选择"置于底层"，如图 9-15 所示，将圆角矩形设置为位于幻灯片的底层，这样文本框中的文本就会显示出来，效果如图 9-16 所示。

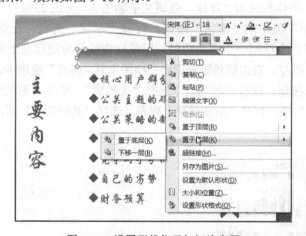

图 9-15   设置形状位于幻灯片底层

图 9-16   设置形状位于幻灯片底层的效果

（11）选中圆角矩形，单击"复制"按钮，再多次单击"粘贴"按钮，将制作好的圆角矩形在幻灯片中复制多份，将其移动到文本对象对应的位置并设置圆角矩形置于幻灯片的底层，完成后的效果如图 9-17 所示。

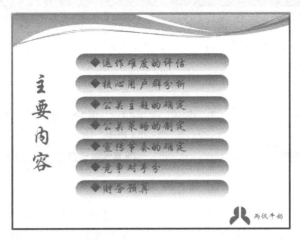

图 9-17　设置完成的目录页幻灯片

9.2.3　制作运作难度评估页

运作难度评估是一个项目实施必须考虑的评估项目，通过运作难度的评估可以充分估计项目实施的难度，难度评估得越充分越有利于项目实施过程中困难的解决。

（1）单击"开始"标签切换到"开始"选项卡，单击"幻灯片"组中的"新建幻灯片"按钮，打开幻灯片版式列表，选择"仅标题"版式幻灯片插入演示文稿中。

（2）在占位符中输入"项目分析——运作难度评估"文本，文本中的"项目分析"四个字的字号设置为"48"，其余内容的字号设置为"36"，效果如图 9-18 所示。

图 9-18　幻灯片标题

（3）单击"绘图"组中的"形状"按钮，在打开的形状列表中选择"文本框"对象，在幻灯片中插入一个文本框，并在文本框中输入运作难度评估的内容，如图 9-19 所示。

图 9-19　幻灯片文本内容

（4）选中文本框，设置文本的字体为"隶书"、字号为"40"。单击"段落"组中的对话框启动器按钮，打开"段落"对话框，选择"缩进和间距"选项卡，参照图 9-20 所示设置行距。

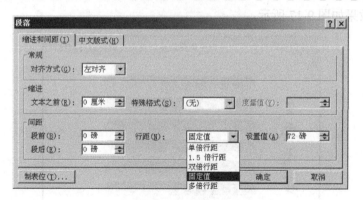

图 9-20　设置行距

（5）单击"段落"组中的"项目符号"按钮，打开"项目符号"列表，如图 9-21 所示。单击该列表中的"项目符号和编号"项，打开"项目符号和编号"对话框，如图 9-22 所示。单击该对话框中的"自定义"按钮，打开"符号"对话框，在"字体"选择项中选择"Webdings"，从符号列表中选择合适的符号，如图 9-23 所示。

图 9-21　项目符号列表

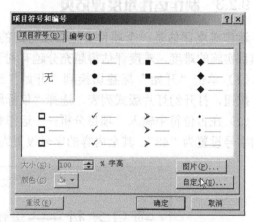

图 9-22　"项目符号和编号"对话框

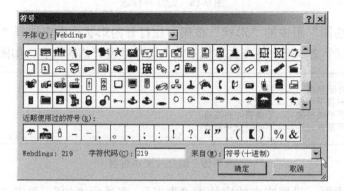

图 9-23　"符号"对话框

（6）单击"确定"按钮返回"项目符号和编号"对话框，单击"颜色"按钮，打开设置项目符号颜色列表，如图 9-24 所示，选择"红色"作为项目符号的颜色，单击"确定"按钮返回幻灯片编辑窗口，效果如图 9-25 所示。

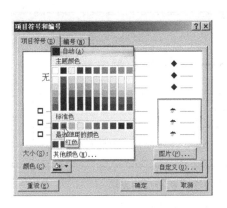

图 9-24　设置项目符号颜色

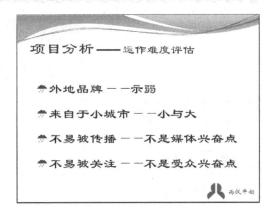

图 9-25　完成后的幻灯片效果

9.2.4　制作核心用户群分析页

核心用户群是企业产品市场定位的核心要素，一个产品如果不能准确定位一个核心用户群，则该产品的包装设计、市场宣传、营销渠道就不能做到特色鲜明，不易引发市场的共鸣。

（1）单击"幻灯片"组中的"新建幻灯片"按钮，打开幻灯片版式列表，选择"仅标题"版式幻灯片插入演示文稿中。在占位符中输入"项目分析——核心用户群分析"文本，文本中的"项目分析"四个字的字号设置为"48"，其余内容的字号设置为"36"。

（2）单击"插入"标签切换到"插入"选项卡，单击"表格"组中的"表格"按钮，打开"插入表格"列表，在该列表中选择"绘制表格"项，如图 9-26 所示。此时鼠标指针变成一个铅笔的形状，将鼠标指针移动到幻灯片中，按下左键在幻灯片中绘制一个表格，如图 9-27 所示。

图 9-26　"插入表格"列表

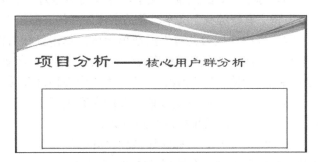

图 9-27　绘制表格

（3）选中表格，单击"表格工具 - 布局"标签，单击"合并"组中的"拆分单元格"按钮，打开"拆分单元格"对话框，在该对话框中将列数调整为"5"，行数调整为"4"，如图 9-28 所示，单击"确定"按钮，在幻灯片中插入的表格拆分成 4 行 5 列，如图 9-29 所示。

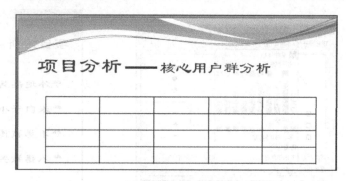

図 9-28　拆分单元格　　　　　　　　　　　図 9-29　拆分后的表格

（4）在表格中输入文本内容，如图 9-30 所示。设置所有文本的汉字字体为"宋体"、颜色为"蓝色"、字号为"20"，设置所有阿拉伯数字的字体为"Impact"、字号为"20"、颜色为"蓝色"。表格中所有的文本对象均加上阴影并加粗，如图 9-31 所示。

青少年及儿童	青年人	中年人	老年人	其他
17—24	36-40	……		……
初中生	31—35 关注家庭生活质量		被赠与、被关爱对象	行业订购
低龄儿童	25—30 喜好健身	关注健康		饮食行业采购

青少年及儿童	青年人	中年人	老年人	其他
17—24	36-40	……		……
初中生	31—35 关注家庭生活质量		被赠与、被关爱对象	行业订购
低龄儿童	25—30 喜好健身	关注健康		饮食行业采购

図 9-30　在表格中输入文本　　　　　　　　図 9-31　设置表格文本字体等

（5）选中表格，单击"表格工具 - 布局"标签，单击"对齐方式"组中的"居中"和"垂直居中"按钮，设置表格中的文本对象在每个单元格中居中对齐。

（6）选中"低龄儿童"文本，设置其字体为"华文彩云"。同样，设置"关注家庭生活质量"和"喜好健身"文本对象的字体为"华文彩云"。

（7）选中"低龄儿童"所在单元格，单击鼠标右键，在快捷菜单中选择"设置形状格式"命令，打开"设置形状格式"对话框，选中"渐变填充"单选项，设置"预设颜色"为"麦浪滚滚"，类型为"射线"，方向为"中心辐射"，如图 9-32 所示。

（8）采用同样的方法设置"关注家庭生活质量"和"喜好健身"两个单元格的填充效果，设置完成后的效果如图 9-33 所示。

（9）单击"开始"标签切换到"开始"选项卡，单击"绘图"组中的"形状"按钮，打开"形状"列表，在该列表的"标注"组中选择"云形标注"，在幻灯片中添加一个"云形标注"，如图 9-34 所示。

（10）选中"云形标注"，双击鼠标切换到"绘图工具 - 格式"标签，单击"形状样式"组中的"形状填充"按钮，在打开的列表中选择"无填充颜色"，如图 9-35 所示。单击"形状轮廓"按钮，在打开的列表中选择"橙色"作为轮廓颜色，如图 9-36 所示。

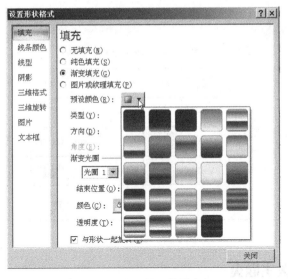

图 9-32　设置单元格填充色

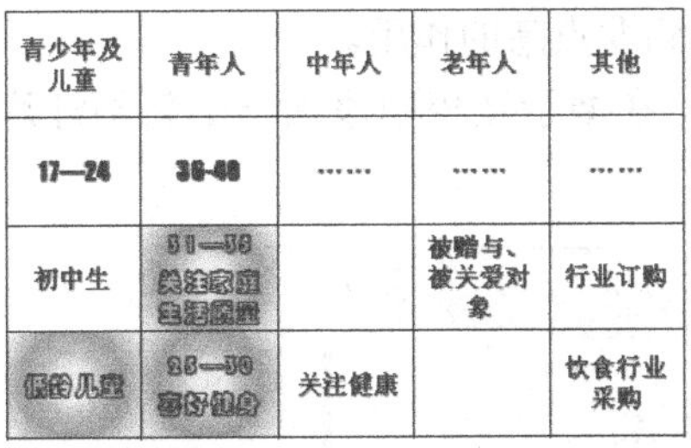

青少年及儿童	青年人	中年人	老年人	其他
17—24	36—40	……	……	……
初中生	31—35 关注家庭生活质量		被赠与、被关爱对象	行业订购
低龄儿童	26—30 容易冲动	关注健康		饮食行业采购

图 9-33　完成设置的单元格填充效果

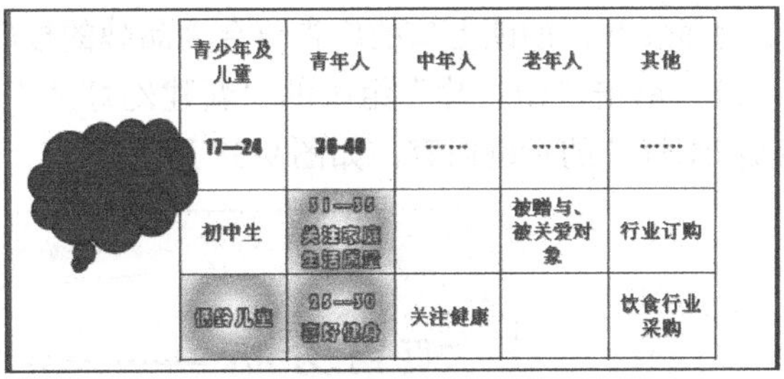

	青少年及儿童	青年人	中年人	老年人	其他
	17—24	36—40	……	……	……
	初中生	31—35 关注家庭生活质量		被赠与、被关爱对象	行业订购
	低龄儿童	26—30 容易冲动	关注健康		饮食行业采购

图 9-34　添加云形标注

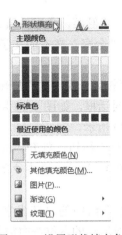

图 9-35　设置形状填充色

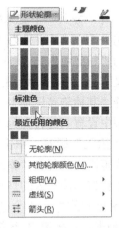

图 9-36　设置形状轮廓

（11）鼠标指向"云形标注"黄色菱形控制点、变成小三角箭头，按下鼠标左键拖动标注指向"关注家庭生活质量"单元格，完成幻灯片的制作，效果如图 9-37 所示。

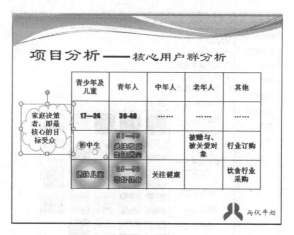

图 9-37　幻灯片效果

9.2.5　制作公关主题页

公关主题本质上就是一个产品的主要广告语，一般情况下一个品牌的宣传会围绕确定的主题而展开，朗朗上口的广告语会为品牌的推广起到画龙点睛的作用。

（1）单击"幻灯片"组中的"新建幻灯片"按钮，在演示文稿中添加一个新幻灯片，并制作幻灯片的标题内容，如图 9-38 所示。

图 9-38　幻灯片标题

（2）在幻灯片中插入一个文本框，在文本框中输入"我健康，全家健康！！"，并设置文本的字体为"方正舒体"、字号为"48"，设置"我"和"全家"文本的文字颜色为"深蓝色"、"健康"为"粉红色"。

（3）双击文本框，单击"绘图工具 - 格式"选项卡"排列"组中的"旋转"按钮，在打开的列表中选择"其他旋转选项"，打开"大小和位置"对话框，如图 9-39 所示。在"尺寸和旋转"设置项中设置"旋转"为"10°"，效果如图 9-40 所示。

（4）单击"插入"标签，单击"插图"组中的"图片"按钮，打开"插入图片"对话框，调整"查找范围"路径到"素材"文件夹下，如图 9-41 所示，选中"图片 1"后，单击"插入"按钮将该图片插入幻灯片中。

（5）调整图片到幻灯片中合适的位置。单击"文本"组中的"艺术字"按钮，打开"艺术字样式"列表，选择第 3 行第 4 列的样式，在系统所给的占位符中输入"两仪=健康专家"，并设置艺术字的颜色为"深蓝色"。

（6）双击占位符，单击"绘图工具 - 格式"选项卡"排列"组中的"旋转"按钮，在打开的列表中选择"其他旋转选项"，打开"大小和位置"对话框。在"尺寸和旋转"设置项中设置"旋转"为"10°"。完成后的幻灯片效果如图 9-42 所示。

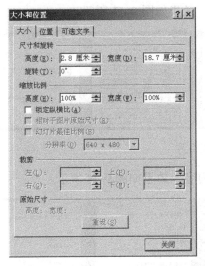

图 9-39　"大小和位置"对话框

图 9-40　文本框旋转效果

图 9-41　"插入图片"对话框

图 9-42　公关主题幻灯片效果

采用相同的方法制作"公关策略"幻灯片的内容，效果如图 9-43 所示。

图 9-43　　"公关策略"幻灯片

采用相同的方法制作"宣传节奏划分"幻灯片的内容，效果如图 9-44 所示。

图 9-44　　"宣传节奏划分"幻灯片

9.2.6　制作竞争对手分析页

竞争对手分析可以分析竞争对手的资质、产能、市场影响力、市场占有率等内容，对于一个新市场的开拓通常分析的是竞争对手的市场占有率情况。

（1）在演示文稿中插入一张新幻灯片，在幻灯片中制作标题及其他辅助文字说明。

（2）单击"插入"标签切换到"插入"选项卡，单击"插图"组中的"图表"按钮，打开"插入图表"对话框，在左侧的模板中选择"饼图"，在右侧的图形列表中选择"分离型三维饼图"，如图 9-45 所示。

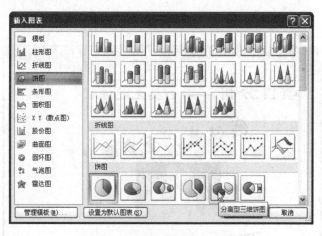

图 9-45　　"插入图表"对话框

（3）单击"确定"按钮，系统会启动 Excel，并将 PowerPoint 窗口和 Excel 窗口并列排放，使用默认的数据制作出一个饼图，如图 9-46 所示。

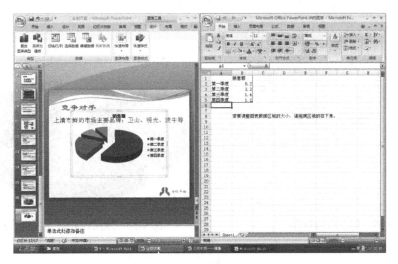

图 9-46　制作图表

（4）单击右侧 Excel 表格中的 B1 单元格，将其中的内容修改为"市场占有率"，单击 A2 单元格，将其中的文本修改为"卫山"，B2 单元格中的数据修改为"33%"；A3 单元格中的文本修改为"明兴"，B3 单元格中的数据修改为"30%"；A4 单元格中的文本修改为"蒙牛"，B4 单元格中的数据修改为"23%"；A5 单元格中的文本修改为"其他"，B5 单元格中的数据修改为"14%"，如图 9-47 所示。

	A	B
1		市场占有率
2	卫山	33%
3	明兴	30%
4	蒙牛	23%
5	其他	14%

图 9-47　修改后的数据

PowerPoint 窗口中的饼图会随着数据的修改而改变，如图 9-48 所示。

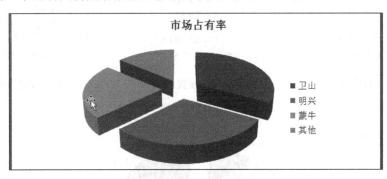

图 9-48　饼图效果

（5）关闭 Excel 窗口，双击 PowerPoint 窗口中新添加的图表。单击"图表工具 - 设计"选项卡"图表布局"组中的"其他"按钮，打开"图表布局"列表，如图 9-49 所示，选择布局 4 应用于图表中，效果如图 9-50 所示。

（6）单击"图表工具 - 布局"标签，单击"标签"组中的"图表标题"按钮，打开图表标题列表，如图 9-51 所示，选择"图表上方"选项；单击"图例"按钮，打开图例列表，如图 9-52 所示，选择"在底部显示图例"选项；单击"数据标签"按钮，打开数据标签列表，如图 9-53 所示，选择"数据标签外"选项。设置完成后的效果如图 9-54 所示。

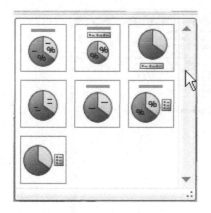

图 9-49　图表布局列表

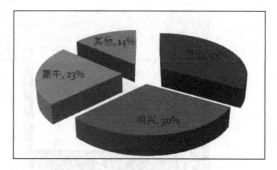

图 9-50　应用图表布局后的图表

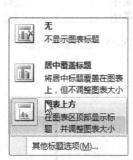

图 9-51　设置图表标题

图 9-52　设置图例

图 9-53　设置数据标签

图 9-54　图表设置后的效果

（7）单击"图表工具-格式"标签，单击"形状样式"组中的"形状填充"按钮，打开
"主题颜色"列表，选择"酸橙色，强调文字颜色 6，淡色 60%"作为形状的填充色，完成

图表的设置，最终效果如图 9-55 所示。

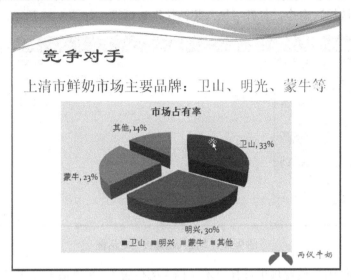

图 9-55　竞争对手幻灯片效果

（8）制作"预算"页幻灯片，效果如图 9-56 所示。

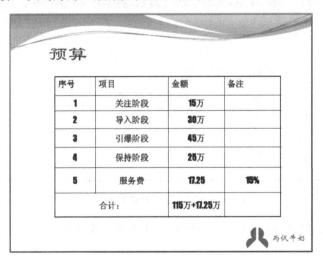

图 9-56　预算页效果

9.3　设置演示文稿

当所有的幻灯片制作完成后，还需要对演示文稿进行必要的设置，可以设置超链接、动画效果，以及设置幻灯片的切换效果等。

9.3.1　添加超链接

超链接在演示文稿中的使用，通常是在演示文稿播放时需要其他内容对文稿内容做支撑或是从一张幻灯片链接到演示文稿中的另一张幻灯片的情况下。

（1）切换到演示文稿的目录页，选中"运作难度评估"条目，单击鼠标右键，选择快捷菜单中的"超链接"命令，打开"插入超链接"对话框，如图 9-57 所示。

图 9-57   "插入超链接"对话框

（2）在"链接到"设置项中选择"本文档中的位置"，在"请选择文档中的位置"中选择第 3 张幻灯片，在"幻灯片预览"窗口中可以看到所选幻灯片的效果，如图 9-58 所示。

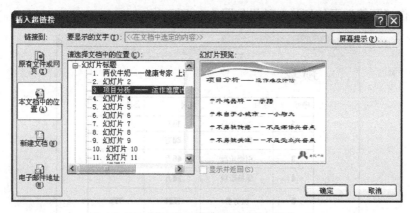

图 9-58   选择链接目标

（3）单击"确定"按钮完成第一个超链接的设置。采用同样的方法为其他的目录项设置超链接。

（4）切换到第 3 张幻灯片，单击"绘图"组中的形状按钮，在打开的形状列表中选择"箭头总汇"中的右弧形箭头，在幻灯片中绘制一个右弧形箭头，如图 9-59 所示。

图 9-59   绘制右弧形箭头

（5）双击箭头，单击"形状样式"组中的"形状轮廓"按钮，设置形状为"无轮廓"，单击"形状填充"按钮，设置形状填充色为"浅青绿，背景 2，深色 50%"。

（6）选中形状，单击鼠标右键，在快捷菜单中选择"超链接"命令，打开"插入超链接"对话框，设置链接对象为本文档中的"目录页"。

（7）选中形状，单击"剪贴板"组中的"复制"按钮，切换幻灯片到需要粘贴的幻灯片中，再单击"粘贴"按钮，将该箭头粘贴到其他幻灯片中。

9.3.2　设置动态效果

当所有的幻灯片制作完成后，为了增加演示文稿的趣味性和吸引观众的眼球，可以为演示文稿中的文本、图片等对象添加一定的动画效果。主要使用的是自定义动画效果，该类动画效果可以分为 4 类，即进入动画、强调动画、退出动画和动作路径动画。

（1）切换到第 1 张幻灯片，单击"动画"标签切换到"动画"选项卡，单击"动画"组中的"自定义动画"按钮，打开"自定义动画"任务窗格，如图 9-60 所示。

（2）选中幻灯片中的 Logo 图标，单击"自定义动画"任务窗格中的"添加效果"按钮，在级联菜单中选择"进入"中的"其他效果"项，打开"添加进入效果"对话框，如图 9-61 所示。选择"阶梯状"效果，单击"确定"按钮退出对话框。

图 9-60　"自定义动画"任务窗格

图 9-61　添加进入效果

（3）单击"自定义动画"任务窗格中"开始"旁的下三角，从列表中选择"之前"，单击"方向"旁的下三角，从列表中选择"右上"，单击"速度"旁的下三角，从列表中选择"慢速"，如图 9-62 所示。

（4）选中幻灯片中的 Logo 图标，单击"自定义动画"任务窗格中的"添加效果"按钮，在级联菜单中选择"强调"中的"其他效果"项，打开"添加强调效果"对话框，如图 9-63 所示。选择"透明"效果，单击"确定"按钮退出对话框。

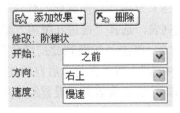

图 9-62　设置动画效果

（5）单击"自定义动画"任务窗格中"开始"旁的下三角，从列表中选择"之后"，单击"数量"旁的下三角，从列表中选择"75%"，单击"期间"旁的下三角，从列表中选择"1.0 秒"，如图 9-64 所示。

图 9-63　添加强调效果

图 9-64　设置动画效果

（6）选中幻灯片标题文本框，单击"自定义动画"任务窗格中的"添加效果"按钮，在级联菜单中选择"进入"中的"其他效果"项，打开"添加进入效果"对话框。选择"颜色打字机"效果，单击"确定"按钮退出对话框。参照图 9-65 所示设置动画效果。

（7）选中幻灯片副标题文本框，单击"自定义动画"任务窗格中的"添加效果"按钮，在级联菜单中选择"进入"中的"其他效果"项，打开"添加进入效果"对话框。选择"擦除"效果，单击"确定"按钮退出对话框。参照图 9-66 所示设置动画效果。

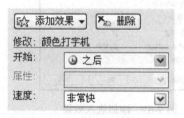

图 9-65　标题文本的动画效果

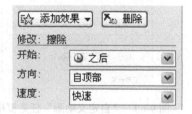

图 9-66　副标题文本的动画效果

（8）单击"切换到此幻灯片"组中的"其他"按钮，打开如图 9-67 所示的幻灯片切换方式列表，选择"推进和覆盖"组中的"向下覆盖"方式应用于幻灯片中。

（9）单击"切换到此幻灯片"组中"切换速度"按钮旁的下三角，在打开的列表中选择"中速"，将"在此之后自动使用动画效果"的时间设置为"2 秒"。用相同的方法设置其他幻灯片的切换效果，设置幻灯片中各种对象的动画效果。

9.3.3　演示文稿的网上发布

PowerPoint 2007 增强了网络功能，方便用户与不同地点的人员实时交流。用户在制作完演示文稿后，可以使用 PowerPoint 2007 的另存为网页功能，将演示文稿保存为 htm 或 html 格式文件。

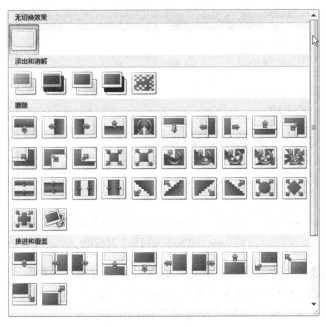

图 9-67　幻灯片切换方式列表

（1）单击 PowerPoint 2007 窗口中的"Office 按钮"，在打开的菜单中单击"另存为"命令，打开"另存为"对话框。

（2）在"另存为"对话框中设置文件的保存位置，在"保存类型"下拉列表中选择"网页"类型，在"文件名"文本框中输入保存的文件名称，如图 9-68 所示，单击"发布"按钮。

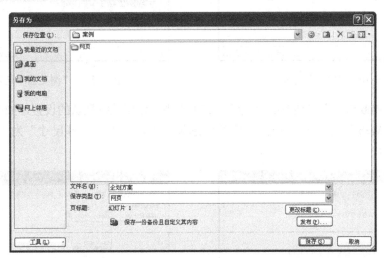

图 9-68　"另存为"对话框

（3）此时系统会打开"发布为网页"对话框，如图 9-69 所示。在此对话框的"发布内容"选项区中选中"整个演示文稿"单选按钮，单击"Web 选项"按钮，打开"Web 选项"对话框。

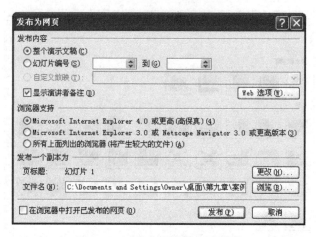

图 9-69　"发布为网页"对话框

（4）在"Web 选项"对话框的"常规"选项卡中，勾选"外观"设置项中的 3 个复选框，在"颜色"选项中选择"浏览器颜色"，如图 9-70 所示。

（5）在"Web 选项"对话框的"浏览器"选项卡中，在"选项"列表框中勾选"将新建网页保存为'单个文件网页'"复选框，如图 9-71 所示。

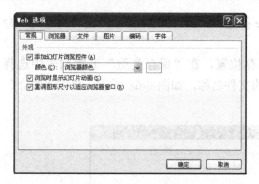

图 9-70　"常规"选项卡

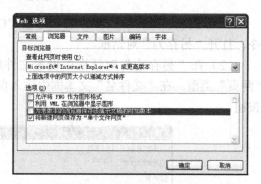

图 9-71　"浏览器"选项卡

（6）在"Web 选项"对话框的"文件"选项卡中，使用系统默认的设置，如图 9-72 所示。

（7）在"Web 选项"对话框的"图片"选项卡中，设置"屏幕尺寸"为"1024×768"，如图 9-73 所示。

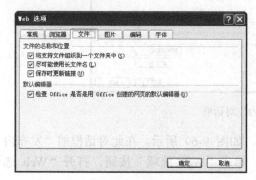

图 9-72　"文件"选项卡

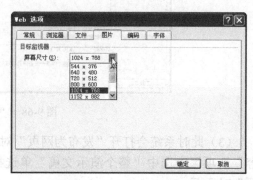

图 9-73　"图片"选项卡

（8）在"Web 选项"对话框的"编码"选项卡中，使用系统默认的设置，如图 9-74 所示。

（9）在"Web 选项"对话框的"字体"选项卡中，使用系统默认的设置，如图 9-75 所示。

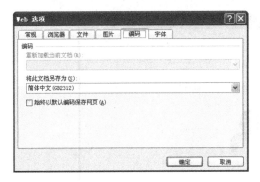 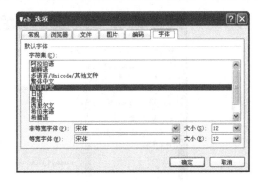

图 9-74　"编码"选项卡　　　　　　图 9-75　"字体"选项卡

（10）返回"发布为网页"对话框，单击"更改"按钮，打开"设置页标题"对话框。在"页标题"文本框中输入显示在浏览器标题栏中的页标题文本内容，如图 9-76 所示。设置完成后单击"确定"按钮。

图 9-76　设置页标题

（11）返回"发布为网页"对话框，勾选"在浏览器中打开已发布的网页"复选框，单击"发布"按钮，系统自动启动浏览器，在浏览器中用户可以查看发布为网页的演示文稿内容，如图 9-77 所示。

图 9-77　发布为网页的演示文稿

（12）系统自动将网页文件保存在指定的文件目录下，名称为"企划方案.htm"，双击该文件即可打开浏览器进行查看。在"企划方案"文件夹中保存了网页中应用的图片、模板等，如图 9-78 所示。

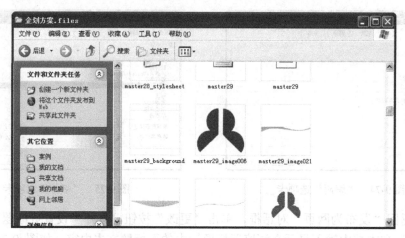

图 9-78　网页中的相关支持文件内容

 本章练习

1. 春天到了，各种传染病处于高发期，请你收集春季传染病资料制作一个演示文稿，向你的同学介绍传染病预防与防护的知识。

2. 学校的科技节即将开幕，科技节上将会有技能比赛、知识抢答等多种活动。特别是知识抢答，可能会涉及很多的计算机知识，你能收集整理这些知识并制作一个演示文稿、向你的同学介绍吗？

第10章 办公综合实战——宣传片的制作

内容导读

本章制作一个宣传片的演示文稿，这个宣传片的方案非常大，如果全部制作完成可能会有几百张幻灯片，所以没有全部制作。但是从本章的介绍中，整个演示文稿的制作思路已经全部理清：使用一个四川地图作为四川旅游景点及风土人情介绍的总纲，使用 SmartArt 图形作为一个景点介绍的总纲。其他的内容请读者自己完善。

10.1 方案规划

四川，天府之国，拥有很多的自然景观与人文景观，旅游资源丰富，是众多国人旅游的首选地。2008 年 5 月 12 日，四川地区发生了里氏 8 级地震，给四川人民带来了巨大的打击，也给四川的旅游业带来了巨大的打击。全国人民在最短的时间内行动了起来，有钱的出钱，有力的出力，向全世界展现了我中华儿女团结一心、共度难关的决心。本章要制作的宣传片就是一个宣传四川旅游资源的演示文稿。

四川的旅游资源非常丰富，有很多著名的旅游景区，我们将围绕四川的民俗文化、地方物产、旅游交通、旅游景点等内容制作导航，围绕一个著名的景点介绍该景点的旅游资源。导航的制作使用动画的触发器制作下拉菜单式导航效果，景点介绍将使用 SmartArt 图形，在幻灯片中将使用视频文件、声音文件，并为对象添加交互动作以达到宣传的效果。

10.2 制作演示文稿的首页

演示文稿的首页与其他页不同，主要表现的是幻灯片的大致主题，别人从首页上可以大概了解演示文稿要表达的内容是什么。本例演示文稿的首页效果如图 10-1 所示。

此张幻灯片中使用了幻灯片背景的设置、艺术字的制作技术，具体操作方法如下。

（1）新建一个演示文稿，以"四川景点宣传片"为文件名保存。

（2）打开该演示文稿，删除幻灯片中的两个占位符。在幻灯片中单击鼠标右键，选择"设置背景格式"命令，打开"设置背景格式"对话框，在该对话框中选中"图片或纹理填充"单选项，如图 10-2 所示。再单击"文件"按钮，打开"插入图片"对话框，在该对话框中选择"背景"图片作为幻灯片的背景，如图 10-3 所示。

图 10-1　首页效果

图 10-2　设置背景格式

图 10-3　插入图片

（3）单击"插入"按钮，返回"设置背景格式"对话框，调整背景透明度为"30%"，单击"关闭"按钮关闭"设置背景格式"对话框。

（4）单击"插入"标签切换到"插入"选项卡，单击"文本"组中的"艺术字"按钮，打开"艺术字样式"列表，选择第3行第4列的艺术字效果，在"请在此键入您自己的内容"占位符中输入"天府之国"。单击"艺术字样式"组中的"文本填充"按钮，在打开的列表中选择"蓝色"作为填充色，如图 10-4 所示。单击"文本轮廓"按钮，在打开的列表中选择"白色"作为文本轮廓色。

（5）单击"文本效果"按钮，在打开的列表中选择"转换"项，在打开的列表中选择"正 V 形"效果，如图 10-5 所示。

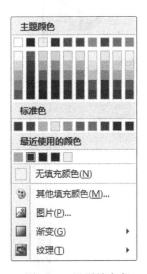

图 10-4　设置填充色

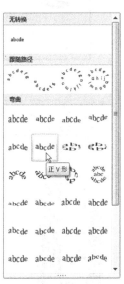

图 10-5　选择文本效果

（6）将鼠标指向艺术字左侧的粉红色控制点，拖动调节艺术字的变化效果。采用相同的操作方法在幻灯片中添加"四川"艺术字效果，文本效果采用"腰鼓"效果。

10.3　制作演示文稿导航页

这个导航页在本演示文稿中并没有实现导航功能，只是表达一个导航的意思。在四川地图每个地区的名字上制作一个矩形框，没有设置填充色，只有一点外框色，在这个矩形框的下方制作一个矩形框，并在其中输入文本，设置该矩形框的动画效果，当鼠标单击上部矩形框时，下部的矩形框才出现，实现下拉菜单的功能。幻灯片的背景使用颜色填充，在幻灯片母版中加入右下角的图形，效果如图 10-6 所示，具体的操作方法如下。

（1）插入一张新空白幻灯片，单击"视图"标签切换到"视图"选项卡。单击"演示文稿视图"组中的"幻灯片母版"按钮，切换到幻灯片母版视图，如图 10-7 所示。

（2）单击"插入"标签切换到"插入"选项卡，单击"插图"组中的"图片"按钮，打开"插入图片"对话框，在幻灯片母版中插入两幅图片，并对图片进行适当的调整，效果如图 10-8 所示。

图 10-6　幻灯片导航页的效果

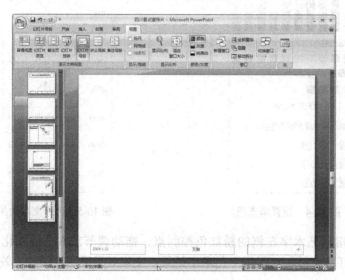

图 10-7　幻灯片母版视图

图 10-8　在幻灯片母版中插入图片

（3）双击两幅图片中的任意一幅，单击"调整"组中的"重新着色"按钮，打开"重新着色"列表，选择"设置透明色"选项，如图 10-9 所示，此时鼠标变成一个小魔术棒的形状，在图片周围的白色处单击，将图片四周的白色设置为透明色。

图 10-9　设置透明色

（4）单击"视图"标签，单击"关闭母版视图"按钮关闭母版视图，返回幻灯片视图。在幻灯片中单击鼠标右键，选择快捷菜单中的"设置背景格式"命令，打开"设置背景格式"对话框。在该对话框中选择"纯色填充"，在"颜色"列表中选择"浅绿色"，"透明度"设置为"40%"，单击"关闭"按钮返回幻灯片编辑窗口。

（5）单击"开始"标签切换到"开始"选项卡，单击"绘图"组中的"形状"按钮，打开"形状"列表，在该列表中选择"垂直文本框"对象，在幻灯片中插入一个垂直文本框，并在文本框中输入"四川导航"。在"字体"组中设置"四川导航"的字体为"华文行楷"、字号为"80"，单击"加粗"和"文字阴影"按钮设置文本加粗和阴影效果。

（6）单击"插入"标签切换到"插入"选项卡，单击"插图"组中的"图片"按钮，打开"插入图片"对话框，在该对话框中找到"四川"文件，将其插入幻灯片中，如图 10-10 所示。

（7）双击新插入的图片，单击"绘图工具 - 格式"选项卡"调整"组中的"重新着色"按钮，在打开的列表中选择"设置透明色"，将鼠标移动到图片中的白色部位单击，将白色设置为透明色。单击"亮度"按钮，在打开的列表中选择"10%"，幻灯片的效果如图 10-11 所示。

图 10-10　在幻灯片中插入图片

图 10-11　调整图片后的效果

（8）单击"绘图"组中的"形状"按钮，在打开的形状列表中选择"圆角矩形"，在"甘孜州"文本的上方绘制一个圆角矩形，如图 10-12 所示。双击圆角矩形，单击"形状样式"组中的"形状填充"按钮，在打开的列表中选择"无填充色"。单击"形状轮廓"按钮，在打开列表的"主题颜色"列表中选择"白色，背景 1，深色 25%"，作为圆角矩形的边框颜色，如图 10-13 所示。

图 10-12　绘制圆角矩形

图 10-13　设置圆角矩形

（9）在圆角矩形下方再绘制一个矩形形状，将鼠标移动到矩形形状上，单击"鼠标"右键，在快捷菜单中选择"编辑文字"命令，并在矩形形状中输入"基本情况 地方风情 旅游景点"文本，分三行显示。采用相同的方法设置矩形的填充色为"无填充色"，设置矩形边框轮廓为"无轮廓"，效果如图 10-14 所示。

图 10-14　制作下拉菜单内容

（10）单击"动画"标签切换到"动画"选项卡，单击"动画"组中的"自定义动画"按钮，打开"自定义动画"任务窗格。选中矩形对象，单击"自定义动画"任务窗格中的"添加效果"按钮，在级联菜单中选择"进入"中的"其他效果"选项，打开"添加进入效果"对话框，如图 10-15 所示。选择"切入"效果，单击"确定"按钮。

（11）单击"自定义动画"任务窗格动画效果列表中"矩形"旁的下三角，打开下拉菜单，选择"效果选项"，如图 10-16 所示。

图 10-15　添加进入效果

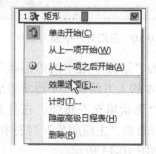

图 10-16　选择"效果选项"

（12）在系统打开的"切入"对话框的"效果"选项卡中，设置"方向"为"自顶部"，如图 10-17 所示。在"计时"选项卡中单击"触发器"按钮，选中"单击下列对象时启动效果"单选项，并在旁边的下拉列表中选择"圆角矩形 3"，如图 10-18 所示。

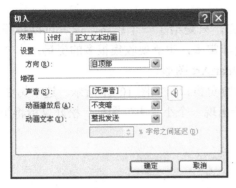

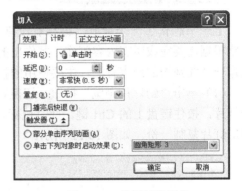

图 10-17　设置动画方向　　　　　　　　　　　图 10-18　设置触发条件

（13）设置完成后单击"确定"按钮返回幻灯片编辑窗口。再次选中矩形对象，单击"自定义动画"任务窗格中的"添加效果"按钮，在级联菜单中选择"退出"中的"其他效果"选项，打开"添加退出效果"对话框，如图 10-19 所示。在此对话框中选择"切出"效果，单击"确定"按钮返回幻灯片编辑窗口。

（14）单击"自定义动画"任务窗格中"方向"旁的下三角，设置动画方向为"到顶部"，在动画效果列表中选中第一个"矩形"效果，单击向下箭头，将其调整为第二个动画效果，如图 10-20 所示。

图 10-19　添加退出效果　　　　　　　　　　　图 10-20　调整动画顺序

（15）单击"自定义动画"任务窗格中的"幻灯片放映"按钮，启动幻灯片的放映。当鼠标指向"甘孜州"旁的矩形边框时，鼠标会变成手的形状，单击鼠标，会出现下拉菜单，再次单击鼠标，下拉菜单会收回去。如果为下拉菜单中的文本设置超链接，可以实现导航的效果。

10.4　制作景点总汇

上一节制作了一个导航，该导航没有全部做完，只是给了一个思路，读者可以按照此思路根据需要完成所有内容制作，制作出的内容会非常多，也需要收集很多的资料。本节将制作一个九寨沟的景点总汇，主要使用的技术是 SmartArt 图形。

（1）单击"幻灯片浏览"按钮，切换到幻灯片浏览窗口，如图 10-21 所示。选中第 2 幅幻灯片，按住键盘上的 Ctrl 键，此时鼠标指针旁会出现一个小"＋"图标，松开鼠标将第 2 幅幻灯片复制一份，如图 10-22 所示。

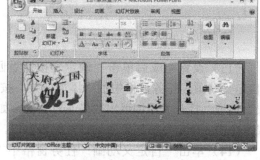

图 10-21　幻灯片浏览窗口　　　　　　　　　图 10-22　复制幻灯片

（2）删除第 3 张幻灯片上的图片等各种对象，再将第 3 张幻灯片复制多份备用。切换到第 3 张幻灯片，制作如图 10-23 所示的幻灯片标题。

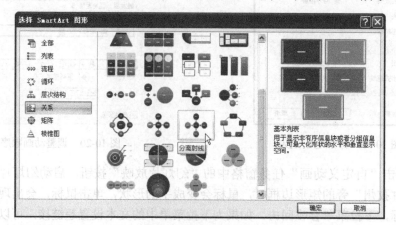

图 10-23　九寨沟景点汇总标题

（3）单击"插入"选项卡中"插图"组中的"SmartArt"按钮，打开"选择 SmartArt 图形"对话框，在"关系"选项面板中选择"分离射线"选项，如图 10-24 所示。

图 10-24　选择 SmartArt 图形

（4）单击"确定"按钮，返回幻灯片中。在中间的形状中输入"景点"，其他形状中输入九寨沟主要景点的名称"天鹅海"、"箭竹海"、"熊猫海"和"五花海"。由于形状数量有限，需要展示的景点名称还没有输入完成，所以要增加形状。选中"天鹅海"所在的形状单击鼠标右键，在弹出的快捷菜单中选择"添加形状"中的"在后面添加形状"命令，如图 10-25 所示，在图形中添加一个形状。采用相同的方法在图形中共添加 4 个形状，并输入景点的名称"珍珠滩"、"镜海"、"五彩池"和"长海"，如图 10-26 所示。

图 10-25　添加形状

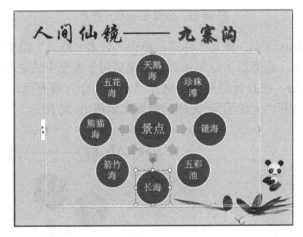

图 10-26　在添加的形状中输入文本

（5）选中 SmartArt 图形，单击"SmartArt 工具 - 设计"标签，单击"更改颜色"按钮，打开"主题颜色"列表，单击"彩色"选项区域中的第一个选项，如图 10-27 所示。

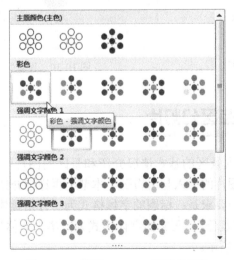

图 10-27　设置 SmartArt 图形的颜色

（6）单击"SmartArt 样式"组中的"其他"按钮，打开效果列表，从中选择"嵌入式"效果，如图 10-28 所示。

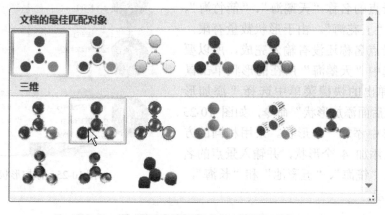

图 10-28　选择 SmartArt 样式

（7）单击"SmartArt 工具 - 格式"标签，单击"艺术字样式"组中的"其他"按钮，打开"艺术字样式"列表，选择第 1 行第 4 列的效果应用于图形中的文本，如图 10-29 所示。单击"文本填充"按钮，在打开的列表中选择"白色"作为填充色，单击"文本轮廓"按钮，在打开的列表中选择"无轮廓"，完成后的效果如图 10-30 所示。

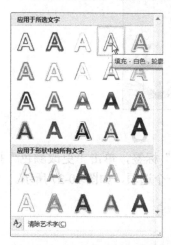

图 10-29　选择艺术字效果

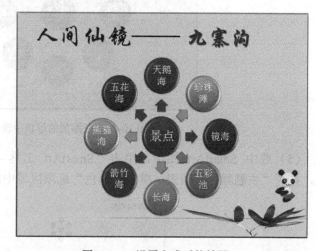

图 10-30　设置完成后的效果

10.5　制作各景点区幻灯片

各景区的幻灯片主要由景区的基本情况介绍和景区的图片组成，涉及的知识主要是文本的输入及格式的设置、图片的插入与编辑等。本节不再详细介绍各幻灯片的制作方法，请读者自己制作。制作的统一要求是：标题的字体格式为"方正姚体"、"44"、"加粗"、"文字阴影"，字体的颜色为"深蓝色"；正文的字体格式为"华文楷体"、"18"、"黑色"。最终的效果如图 10-31 至图 10-39 所示。

图 10-31　"九寨沟概况"效果

图 10-32　"天鹅湖"效果

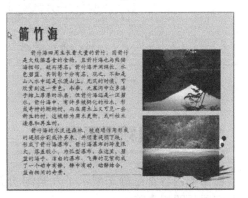

图 10-33　"箭竹海"效果

图 10-34　"熊猫海"效果

图 10-35　"五花海"效果

图 10-36   "珍珠滩"效果

图 10-37   "镜海"效果

图 10-38   "五彩池"效果

图 10-39   "长海"效果

10.6   插入视频宣传文件

前面的内容都是静态展示了九寨沟的美，在 PowerPoint 中还可以通过视频文件动态地向人们展示四川之美。

（1）切换到新的幻灯片中，单击"插入"标签切换到"插入"选项卡，单击"媒体剪辑"组中的"影片"按钮，在下拉列表中选择"文件中的影片"，如图 10-40 所示，打开"插入影片"对话框。

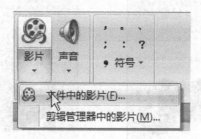

图 10-40   选择文件中的影片

（2）在"插入影片"对话框中，调整"查找范围"的路径，找到影片文件并选中文件，单击"确定"按钮，如图 10-41 所示。

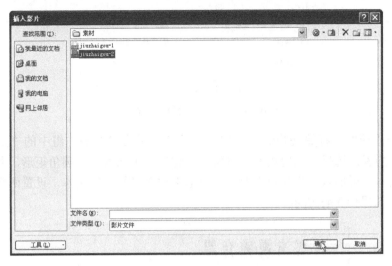

图 10-41　"插入影片"对话框

此时，系统会弹出如图 10-42 所示的提示框，提醒用户选择播放影片的方式，单击"自动"按钮选择自动播放影片。

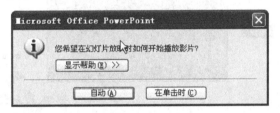

图 10-42　选择自动播放影片

（3）用鼠标拖动影片四周的控制点改变影片播放窗口的大小，完成后的效果如图 10-43 所示。

图 10-43　在幻灯片中插入视频

如果需要循环播放影片，可以在"影片选项"中勾选"影片播完返回开头"复选框，如图 10-44 所示。

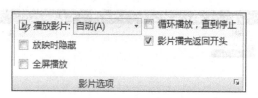

图 10-44　设置影片循环播放功能

（4）单击"开始"标签切换到"开始"选项卡，单击"绘图"组中的"形状"按钮，打开"形状"列表，选择"圆角矩形"对象，在幻灯片中插入一个圆角矩形，并在矩形中输入"播放"文本。再插入一个圆角矩形，在矩形中输入"暂停"文本，设置两个矩形对象有"棱台"效果，如图 10-45 所示。

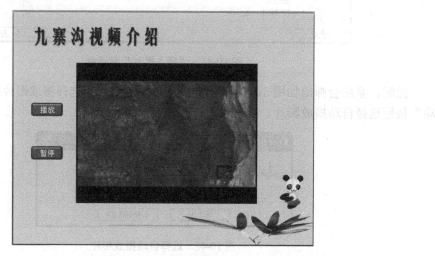

图 10-45　插入播放按钮

（5）单击"动画"标签切换到"动画"选项卡，单击"动画"组中的"自定义动画"按钮，打开"自定义动画"任务窗格，如图 10-46 所示。

（6）单击第 0 个动作右侧的下拉按钮，在展开的下拉列表中单击"计时"选项，如图 10-47 所示，打开"播放影片"对话框。

图 10-46　"自定义动画"任务窗格　　　　　图 10-47　单击"计时"选项

（7）在"播放影片"对话框中，单击"计时"选项卡中的"触发器"按钮，展开更多的设置选项。选中"单击下列对象时启动效果"单选按钮，然后在其右侧的下拉列表中单击"圆角矩形 3：播放"选项，如图 10-48 所示，单击"确定"按钮。

（8）单击第 1 个动作右侧的下拉按钮，在展开的下拉列表中单击"计时"选项，打开"暂停影片"对话框。在此对话框中单击"触发器"按钮，选中"单击下列对象时启动效果"单选按钮，然后在其右侧的下拉列表中单击"圆角矩形 4：暂停"选项，如图 10-49 所示，单击"确定"按钮。完成设置的"自定义动画"任务窗格如图 10-50 所示。

图 10-48　设置触发条件

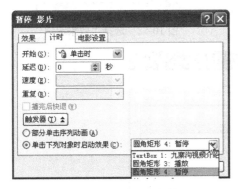

图 10-49　设置暂停条件

图 10-50　完成设置的"自定义动画"任务窗格

10.7　演示文稿的设置

演示文稿制作完成后，还需要对其进行相应的设置，如设置超链接、设置动画效果等。本节内容涉及的知识点主要有将 SmartArt 图形制作成动画、超链接的设置。

10.7.1　将 SmartArt 图形制作成动画

应用到 SmartArt 图形的动画与应用于形状、文本或图片的动画有一些不同，SmartArt 图形是作为一个整体在幻灯片中出现的，如果将一段动画应用到 SmartArt 图形中，会按照形状出现的顺序来播放动画。

（1）切换到第 3 张幻灯片，选中"景点"所在的形状。单击"自定义动画"窗格中的"添加效果"按钮，在打开的级联菜单中选择"进入"中的"其他效果"，打开"添加进入效果"对话框，在该对话框中选择"向内溶解"，如图 10-51 所示。

（2）单击"图示"右侧的下拉按钮，在打开的下拉列表中选择"效果选项"，如图 10-52 所示，打开"向内溶解"对话框。单击"SmartArt 动画"标签切换到该选项卡，在"对图示分组"下拉列表中选择"逐个"选项，表示一个接一个地将每个形状单独地制成动画，如

图 10-53 所示。

图 10-51　添加进入效果

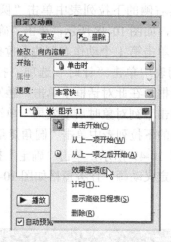

图 10-52　选择"效果选项"

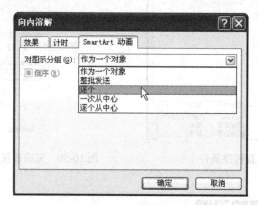

图 10-53　选择 SmartArt 动画的播放方式

（3）单击"计时"标签切换到该选项卡，设置"开始"方式为"之后"，如图 10-54 所示。单击"确定"按钮返回幻灯片中，单击"自定义动画"窗格中的"播放"按钮，可以看到幻灯片的播放效果，如图 10-55 所示。

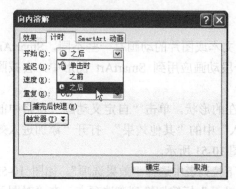

图 10-54　设置播放动画的开始方式

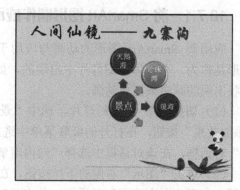

图 10-55　幻灯片播放效果

10.7.2 设置幻灯片的交互

设置交互动作是为所选对象添加一个操作，以指定单击该对象或鼠标在其上方悬停时应执行的操作。可以从一个文本或一个对象（图片、形状、艺术字等）设置交互动作。

（1）切换到第 3 张幻灯片，选中文本"景点"，单击"插入"标签切换到"插入"选项卡，单击"链接"组中的"动作"按钮，打开"动作设置"对话框，如图 10-56 所示。

（2）单击"单击鼠标"选项卡中的"超链接到"单选按钮，在其下方的下拉列表中单击"幻灯片"选项，如图 10-57 所示。此时系统会打开"超链接到幻灯片"对话框，在该对话框中选择需要链接到的幻灯片，如图 10-58 所示。单击"确定"按钮返回"动作设置"对话框，单击"确定"按钮完成设置。

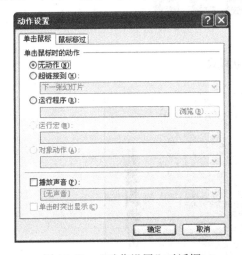 

图 10-56　"动作设置"对话框　　　　　　　　图 10-57　选择超链接的幻灯片

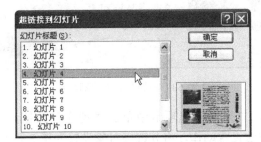

图 10-58　选择需要链接到的幻灯片

（3）采用同样的方法，设置其他形状中的文本超链接到相应的幻灯片中。当 SmartArt 图形中所有形状中的文本都设置了交互动作后，相应的各文本链接的幻灯片也需要有一个返回动作。切换到第 4 张幻灯片，在"插入"选项卡中单击"形状"按钮，在打开的"形状"列表中选择"箭头总汇"选项区域中的"左箭头"，在幻灯片中绘制一个左箭头。

（4）双击左箭头，单击"绘图工具 - 格式"选项卡"形状样式"组中的"其他"按钮，打开"形状"列表，如图 10-59 所示，选择第 6 行第 4 列的效果应用于左箭头。完成后的效果如图 10-60 所示。

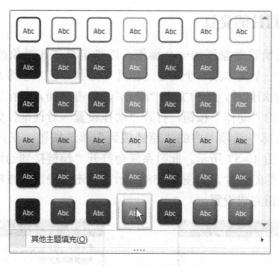

图 10-59　选择形状样式

图 10-60　添加左箭头的幻灯片

（5）选中左箭头，在"插入"选项卡中单击"动作"按钮，打开"动作设置"对话框，采用与前面相同的方法设置动作，将其链接对象设置为第 3 张幻灯片。设置完成后，将左箭头复制到其他需要返回第 3 张幻灯片的页面中。

10.7.3　设置放映效果

完成了景点介绍相关幻灯片的编辑制作后，用户还需要为整个演示文稿设置放映的效果。

（1）单击"动画"标签切换到"动画"选项卡，单击"切换到此幻灯片"组中的"其他"按钮，打开"切换方案"列表，如图 10-61 所示。

（2）在打开的列表中选择"随机"项中的"随机切换效果"，单击"切换到此幻灯片"组中的"全部应用"按钮，将幻灯片切换效果应用于所有演示文稿中的所有幻灯片。

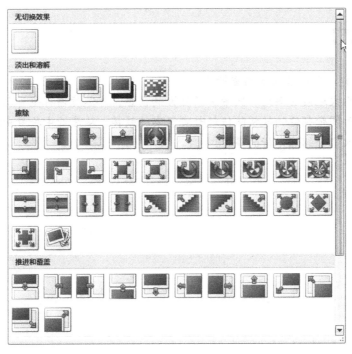

图 10-61　幻灯片切换方案列表

（3）单击"幻灯片放映"标签切换到"幻灯片放映"选项卡，单击"设置幻灯片放映"按钮，打开"设置放映方式"对话框，按照图 10-62 所示设置幻灯片的放映方式。设置完成后单击"确定"按钮返回幻灯片窗口。

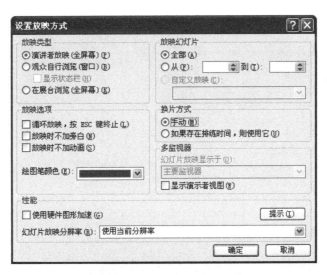

图 10-62　设置幻灯片放映方式

（4）在"幻灯片放映"选项卡中单击"从头开始"按钮，此时会自动切换到全屏模式下进行放映。

本章练习

  1. 请设计制作一个北京故宫的宣传片。

  2. 5·12 汶川大地震给四川人民带来了巨大的伤害，江苏黄埔再生资源有限公司的总经理陈光标在第一时间带领他的救援队伍赶赴灾区实施救援，从废墟中抢救出很多遇险群众。请你收集资料向人们介绍陈光标的事迹。

读者意见反馈表

书名：PowerPoint 2007 案例教程 　　　　主编：段 标 　　　　策划编辑：关雅莉

谢谢您关注本书！烦请填写该表。您的意见对我们出版优秀教材、服务教学都十分重要。如果您认为本书有助于您的教学工作，请您认真地填写表格并寄回。**我们将定期给您发送我社相关教材的出版资讯或目录，或者寄送相关样书。**

个人资料

姓名_____年龄____联系电话_____（办）_____（宅）_____（手机）

学校_____专业_____职称/职务_____

通信地址_____邮编_____E-mail_____

您校开设课程的情况为：

本校是否开设相关专业的课程　□是，课程名称为_____　□否

您所讲授的课程是_____课时_____

所用教材_____出版单位_____印刷册数_____

本书可否作为您校的教材？

□是，会用于_____课程教学　□否

影响您选定教材的因素（可复选）：

□内容　　　□作者　　　□封面设计　　□教材页码　　□价格　　　□出版社

□是否获奖　□上级要求　□广告　　　□其他_____

您对本书质量满意的方面有（可复选）：

□内容　　　□封面设计　　□价格　　□版式设计　　□其他_____

您希望本书在哪些方面加以改进？

□内容　　　□篇幅结构　　□封面设计　　□增加配套教材　　□价格

可详细填写：_____

_____

您还希望得到哪些专业方向教材的出版信息？

_____

感谢您的配合，可将本表按以下方式反馈给我们：

【方式一】电子邮件：登录华信教育资源网（http://www.hxedu.com.cn/resource/OS/zixun/zz_reader.rar）下载本表格电子版，填写后发至 ve@phei.com.cn

【方式二】邮局邮寄：北京市万寿路 173 信箱华信大厦 902 室 中等职业教育分社 （邮编：100036）

如果您需要了解更详细的信息或有著作计划，请与我们联系。

电话：010-88254475；88254591

反侵权盗版声明